Addieren und Subtrahieren

1 **a)**
32 + 45 =
18 + 52 =
27 + 31 =
68 + 11 =
56 + 23 =

b)
28 + 19 =
16 + 27 =
25 + 38 =
63 + 31 =
39 + 22 =

43 47 58 61 63 70 77 79 79 94

2 **a)**
36 – 13 =
28 – 14 =
55 – 22 =
38 – 16 =
34 – 23 =

b)
61 – 42 =
82 – 16 =
75 – 38 =
32 – 19 =
41 – 25 =

11 13 14 16 19 22 23 33 37 66

3 **a)**

+	13	9	27	51	38
35					
26					

35 39 44 48 53 62 64 73 77 86

b)

–	14	41	36	53	22
83					
92					

30 39 42 47 51 56 61 69 70 78

4 **a)** 38 + 25 = 63 → 63 – 33 = ☐ → ☐ – 17 = ☐ → ☐ + 49 = 62

b) 99 – 39 = ☐ → ☐ – 14 = ☐ → ☐ + 22 = ☐ → ☐ + 11 = ☐ → ☐ – 76 = 3

5 **a)**
☐
31 ☐
☐ 12 27

b)
81
54 ☐
☐ 16 ☐

c)
☐
☐ 24
21 16 ☐
☐ 12 ☐ ☐

6 Setze fort.

a) 3 – 6 – 12 – ☐ – ☐ – ☐ – 192

b) 100 – 85 – 70 – ☐ – ☐ – ☐ – ☐

7 1 – 4 – 8 – ☐ – ☐ – ☐ – ☐

+ − · :

1 Wahr (w) oder falsch (f)? Schreibe die richtige Lösung dahinter.

a)		b)		c)	
73 − 54 = 19	◯ ☐☐	53 + 24 = 87	◯ ☐☐	34 + 56 = 100	◯ ☐☐
57 + 25 = 92	◯ ☐☐	94 − 28 = 66	◯ ☐☐	100 − 59 = 41	◯ ☐☐
82 − 34 = 48	◯ ☐☐	76 − 57 = 19	◯ ☐☐	96 + 0 = 0	◯ ☐☐
56 + 24 = 90	◯ ☐☐	22 + 49 = 71	◯ ☐☐	65 − 65 = 1	◯ ☐☐

2 Vervollständige die Aufgabenfolgen und löse die Aufgaben.

a)	b)	c)
25 + 11 = ☐☐	5 + 17 = ☐☐	36 − 18 = ☐☐
25 + 21 = ☐☐	15 + 22 = ☐☐	38 − 18 = ☐☐
25 + 31 = ☐☐	25 + 27 = ☐☐	40 − 18 = ☐☐
☐☐ + ☐☐ = ☐☐	☐☐ + ☐☐ = ☐☐	☐☐ − ☐☐ = ☐☐
☐☐ + ☐☐ = ☐☐	☐☐ + ☐☐ = ☐☐	☐☐ − ☐☐ = ☐☐

3

a)	b)	c)
38 + ☐☐ = 100	100 − ☐☐ = 69	☐☐ − 26 = 26
☐☐ + 24 = 100	100 − 87 = ☐☐	☐☐ − 36 = 26
89 + ☐☐ = 100	100 − ☐☐ = 42	☐☐ − 46 = 26
☐☐ + 71 = 100	100 − 69 = ☐☐	☐☐ − 56 = 26

4

a)
	92	
56	☐	
☐	18	☐

b)
	☐	
46	☐	
☐	19	24

c)
		☐	
	☐	27	
34	18	☐	
☐	15	☐	☐

5

a) 24 —(+ 27)→ ☐ —(+ 19)→ ☐ —(+ 35)→ ☐ —(− 47)→ ☐ —(− 28)→ 30

b) 93 —(− 25)→ ☐ —(− 19)→ ☐ —(− 26)→ ☐ —(+ 48)→ ☐ —(+ 29)→ 100

c) 56 —(+ 36)→ ☐ —(− 44)→ ☐ —(+ 36)→ ☐ —(− 27)→ ☐ —(− 37)→ 20

6 Zahlenrätsel

Meine Zahl ist kleiner als die Differenz aus 92 und 35 und größer als die Summe aus den Zahlen 26 und 29.

1: Lösungen auf wahr oder falsch überprüfen und korrigieren 2: Aufgabenfolgen fortsetzen und lösen
3: Addieren und Subtrahieren 4: Rechenmauern 5: Kettenaufgaben lösen 6: Zahlenrätsel lösen

Multiplizieren und Dividieren

1 **a)**
3 · 6 = ☐
7 · 2 = ☐
4 · 5 = ☐
2 · 8 = ☐

b)
9 · 3 = ☐
5 · 6 = ☐
8 · 7 = ☐
5 · 10 = ☐

2 **a)**
16 : 4 = ☐
21 : 3 = ☐
35 : 7 = ☐
18 : 2 = ☐

b)
40 : 5 = ☐
63 : 9 = ☐
72 : 8 = ☐
36 : 4 = ☐

3 **a)** · 3

5	
8	
	12
	18

b) · 9

3	
7	
	36
	81

c) : 4

40	
32	
	5
	7

d) : 7

49	
28	
	6
	8

4 **a)**

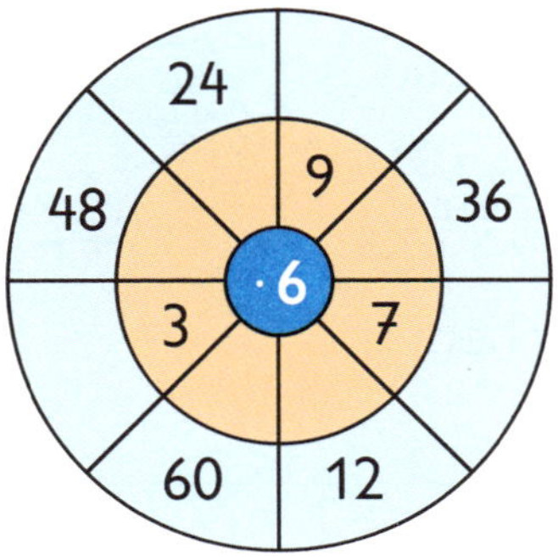

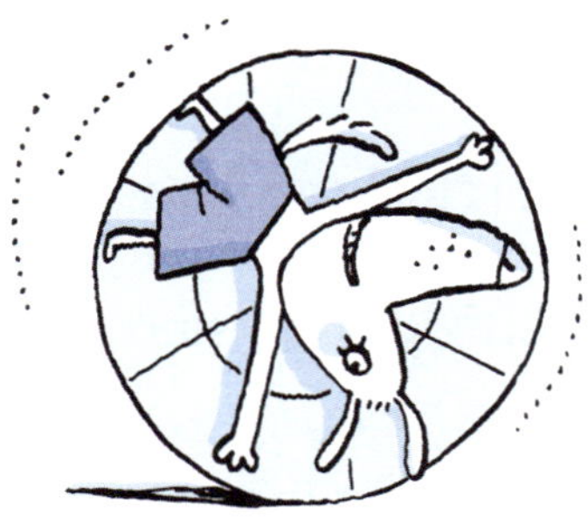

b)

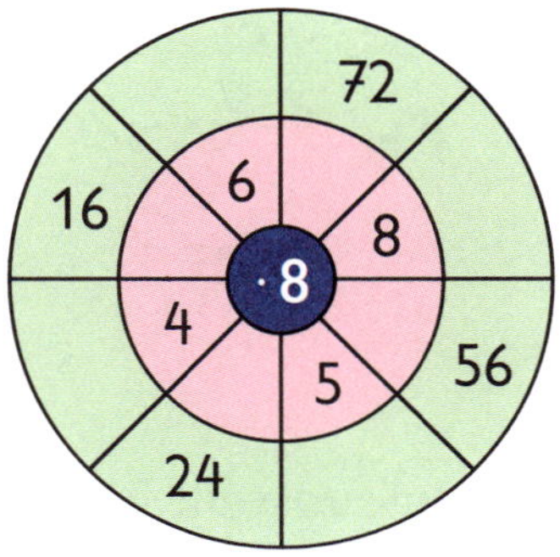

5 Finde zu den Würfelbauten eine passende Multiplikationsaufgabe.

a) ☐ · ☐ = ☐

b) ☐ · ☐ = ☐

c) ☐ · ☐ = ☐

d) ☐ · ☐ = ☐

6 **a)**
8 = 4 · ☐
12 = 2 · ☐
24 = 6 · ☐

b)
36 = ☐ · 4
27 = ☐ · 3
32 = ☐ · 8

c)
28 = ☐ · 7
81 = 9 · ☐
42 = ☐ · 6

d)
15 = ☐ · 3
72 = 9 · ☐
56 = ☐ · 8

7 Die Maus hat Löcher in den Käse gefressen. Finde die fehlenden Zahlen.

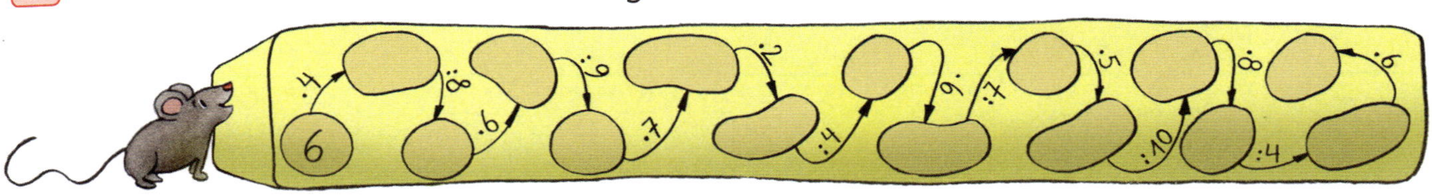

Multiplizieren und Dividieren – Dividieren mit Rest

1

·	3		9	4	8
5		30			
9					

:	4	2		1	16
32					
16			2		

2

21 : 4 = 5 Rest 1 , denn 5 · 4 = 20 und 20 + 1 = 21

22 : 3 = ___ Rest ___ , denn ______________________

25 : 6 = ___ Rest ___ , denn ______________________

36 : 8 = ___ Rest ___ , denn ______________________

39 : 4 = ___ Rest ___ , denn ______________________

3

Vier Wochen haben ___ Tage.

Sieben Wochen haben ___ Tage.

Neun Wochen haben ___ Tage.

Achtundzwanzig Tage sind ___ Wochen.

Zweiundvierzig Tage sind ___ Wochen.

Sechsundfünfzig Tage sind ___ Wochen.

4 Max verteilt 24 Bonbons gerecht an 6 Kinder.

Frage: ______________________

____

Aufgabe: ______________________

Antwort: ______________________

____

5

3	·		=	24
·		:		:
	·	2	=	8
=		=		=
	:		=	

6 Vervollständige zu Quadraten. Schreibe die Multiplikationsaufgabe darunter.

2 · ___ = ___

___ · ___ = ___

___ · ___ = ___

___ · ___ = ___

Addieren, Subtrahieren, Multiplizieren und Dividieren

1 Addieren oder subtrahieren?

a)

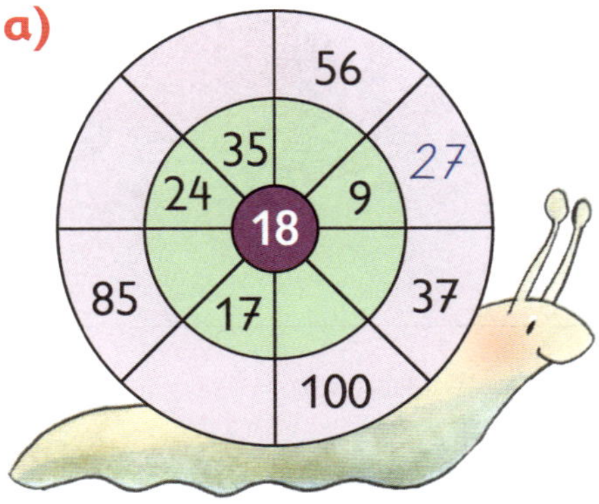

b)

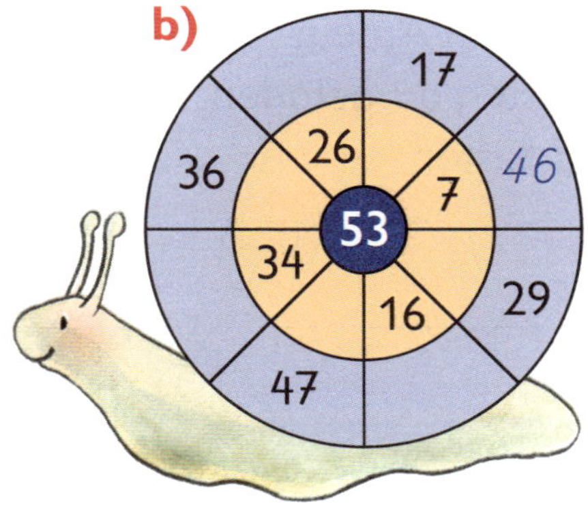

2 Start

100 —(− 25)→ ☐ —(+ 17)→ ☐ —(− 8)→ ☐ —(− 16)→ ☐

↓ + 24

Ziel

100 ←(+ 20)— ☐ ←(+ 54)— ☐ ←(− 19)— ☐ ←(− 47)— ☐

3 a)

$3 \cdot 9 =$ ☐

$6 \cdot 7 =$ ☐

$8 \cdot 5 =$ ☐

$6 \cdot 6 =$ ☐

$2 \cdot 8 =$ ☐

b)

$4 \cdot$ ☐ $= 24$

$8 \cdot$ ☐ $= 48$

$7 \cdot$ ☐ $= 28$

☐ $\cdot$ ☐ $= 64$

☐ $\cdot$ ☐ $= 25$

4 a)

$32 : 8 =$ ☐

$45 : 9 =$ ☐

$63 : 7 =$ ☐

$72 : 9 =$ ☐

$42 : 6 =$ ☐

b)

$64 :$ ☐ $= 8$

$21 :$ ☐ $= 3$

$56 :$ ☐ $= 8$

$81 :$ ☐ $=$ ☐

$49 :$ ☐ $=$ ☐

5 Finde die fehlenden Zahlen in den Einmaleins-Schlangen.

a)

b)

c)

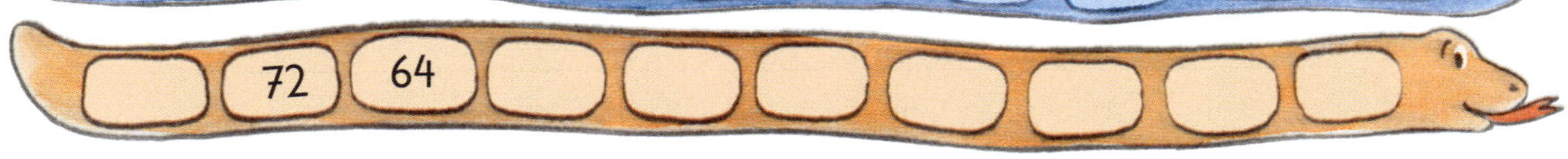

6 Eine große Sportgerätefirma spendet drei Grundschulen insgesamt 27 Hüpfsäcke, 36 Bälle und 42 Reifen. Jede Schule bekommt gleich viele Sportgeräte.

Frage: ______________________________

Aufgaben:

Antwort: ______________________________

Sachaufgaben – Im Schulgarten

1 Tom und Ben helfen beim Aufladen der Kisten mit den gepflückten Äpfeln. Sie haben schon 18 Kisten aufgeladen. Insgesamt müssen 35 Kisten verladen werden.

Frage: ______________________

Aufgabe: ______________________

Antwort: ______________________

2 Für die Bepflanzung der Rabatten am Weg wurden Blumenzwiebeln angeliefert. In den Kartons waren Krokuszwiebeln für 36 Euro, Tulpenzwiebeln für 16 Euro und Osterglockenzwiebeln für 27 Euro.

Frage: ______________________

Aufgabe: ______________________

Antwort: ______________________

3 Lisa und Max stecken Tulpenzwiebeln. Sie legen 5 Reihen mit jeweils 8 Zwiebeln.

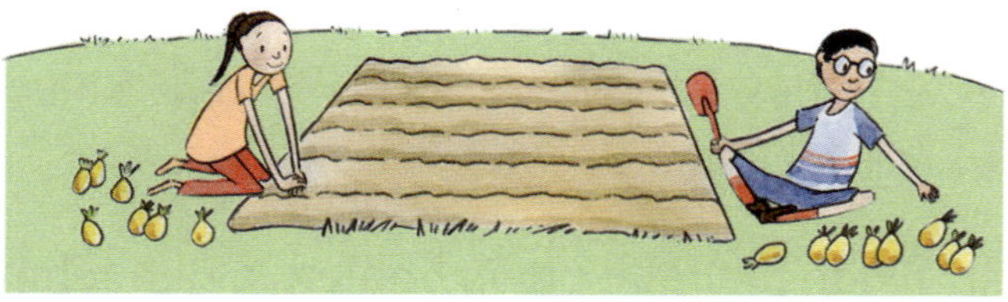

Frage: ______________________

Aufgabe: ______________________

Antwort: ______________________

4 Ben und Anna pflanzen insgesamt 56 Erdbeersetzlinge in 8 Reihen.

Frage: ______________________

Aufgabe: ______________________

Antwort: ______________________

1 bis 4: Inhalt erfassen; Aufgabe finden und lösen, im Satz antworten

Die Hunderterzahlen

1 **a)** Ordne. Beginne mit der kleinsten Zahl.

___ , ___ , ___ , ___ ,
___ , ___ , ___

b) Beginne mit der größten Zahl.

___ , ___ , ___ , ___ ,
___ , ___ , ___ , ___

2 **a)** Schreibe als Zahlwort.

100 *einhundert*

200 ______________

400 ______________

1 000 ______________

b) Schreibe die Zahl.

______ fünfhundert

______ achthundert

______ siebenhundert

______ neunhundert

3 **a)**

Nachbar-hunderter	Zahl	Nachbar-hunderter
	300	
	700	
	500	

b)

Nachbar-hunderter	Zahl	Nachbar-hunderter
	600	
	800	
	900	

4 Nenne je zwei Hunderterzahlen, die zwischen den Zahlen liegen.

a) 200 und 600: ___ , ___
400 und 900: ___ , ___
100 und 700: ___ , ___

b) 300 und 1 000: ___ , ___
400 und 800: ___ , ___
0 und 300: ___ , ___

Setze das richtige Zeichen: < oder > .

5 **a)** 200 ◯ 100
300 ◯ 400
500 ◯ 600

b) 400 ◯ 600
200 ◯ 400
300 ◯ 800

c) 500 ◯ 300
800 ◯ 900
900 ◯ 100

d) 700 ◯ 200
900 ◯ 400
500 ◯ 1 000

Die Zehnerzahlen

1 Zähle in Zehnerschritten und schreibe auf.

a) 330, ___, ___, ___, ___, ___, 390
b) ___, 490, ___, ___, ___, ___, 540
c) 870, ___, ___, ___, ___, ___, 930
d) ___, ___, 510, ___, ___, ___, 470

2 Schreibe die Zehnerzahl auf,

a) die zwischen 200 und 300 liegt und 4 Zehner hat. ___
b) die zwischen 500 und 600 liegt und 8 Zehner hat. ___
c) die zwischen 800 und 900 liegt und einen Zehner hat. ___

3

Nachbarzehner								
Zahl	340	580	230	620	740	470	800	950
Nachbarzehner								

4 Schreibe alle Zehnerzahlen in dein Heft, die zwischen den Zahlen liegen.

a) 320 und 380
140 und 200

b) 400 und 490
610 und 680

c) 830 und 900
920 und 1 000

d) 550 und 600
700 und 800

5 Setze das richtige Zeichen: < oder >.

a) 310 ◯ 290
540 ◯ 450

b) 420 ◯ 410
970 ◯ 790

c) 900 ◯ 890
710 ◯ 750

d) 280 ◯ 240
910 ◯ 970

6 Schreibe zu jeder Zahl das Zahlwort.

a) 450: ______________________
b) 230: ______________________
c) 510: ______________________
d) 660: ______________________

Alle Zahlen bis 1000

1 Ordne den Buchstaben die richtigen Zahlen zu.

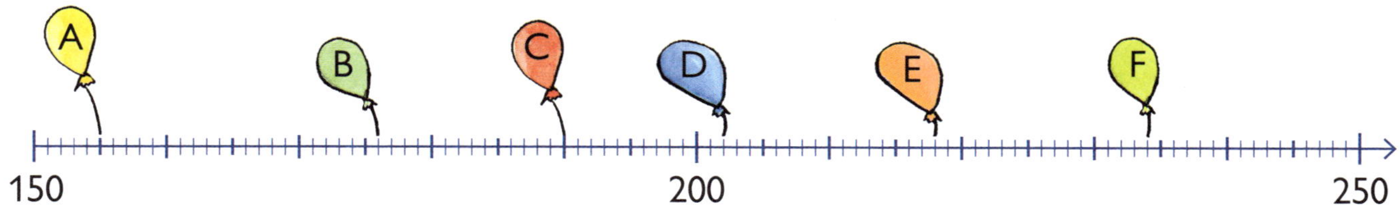

A: ___ B: ___ C: ___ D: ___ E: ___ F: ___

2 Schreibe die fehlenden Zahlen auf.

a) 437, ___, ___, ___, ___, ___, ___, ___, 445

b) 595, ___, ___, ___, ___, ___, ___, ___, 603

c) ___, ___, ___, 232, ___, ___, ___, ___, 237

d) ___, ___, 190, ___, ___, ___, 194, ___, ___

3 Schreibe das richtige Zahlwort zur Zahl.

a) 145: ______________________

b) 870: ______________________

c) 999: ______________________

d) 706: ______________________

4 Ergänze den Vorgänger (V), die Zahl (Z) und den Nachfolger (N).

a)

V	Z	N
	108	
	300	
	701	

b)

V	Z	N
400		
666		
99		

c)

V	Z	N
		601
		500
		778

d)

V	Z	N
223		
	801	
		924

5 Setze das richtige Zeichen: < oder > .

a) 188 ◯ 200
337 ◯ 373

b) 426 ◯ 431
602 ◯ 610

c) 578 ◯ 587
749 ◯ 649

d) 209 ◯ 210
187 ◯ 157

6 Zahlen gesucht

a) Die Zahl ist der Vorgänger von 510. ________

b) Die Zahl ist der Nachfolger von 999. ________

7 Die Zahl ist der Vorgänger der Zahl, die als Nachfolger die Zahl 201 hat. ___

Geldwerte bis 1000 Euro

1 Lege 748 € auf unterschiedliche Weise. Trage jeweils die Anzahl der verwendeten Scheine und Münzen in die Tabelle ein.

200 €	100 €	50 €	20 €	10 €	5 €	1 €

2 Wie viel Euro sind es? Lege nach und trage den Betrag ein.

a)

100 €	50 €	10 €	5 €	1 €	Betrag
1	1	2	1	3	€
3	–	5	2	4	€
4	2	8	3	5	€
5	4	3	–	–	€

b)

200 €	100 €	50 €	20 €	2 €	1 €	Betrag
3	2	1	1	2	3	€
4	–	2	4	3	5	€
1	3	4	3	–	8	€
2	2	6	–	10	18	€

3 **a)**

1 €	10 ct	1 ct	Betrag
			2,13 €

b)

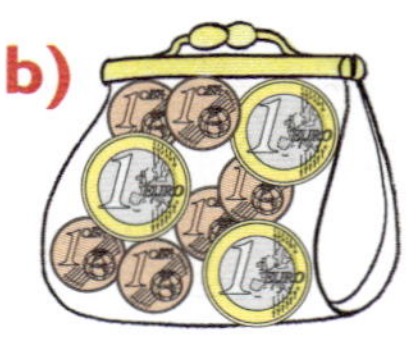

1 €	10 ct	1 ct	Betrag
			€

c)

1 €	10 ct	1 ct	Betrag
			€

4 **a)**

10 €	1 €	10 ct	1 ct	Betrag
				€

b)

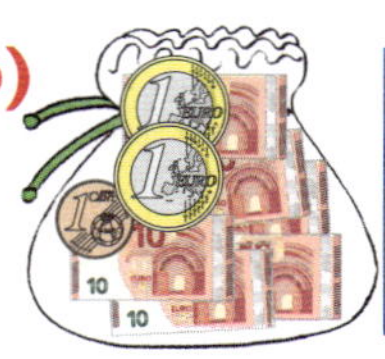

10 €	1 €	10 ct	1 ct	Betrag
				€

c)

10 €	1 €	10 ct	1 ct	Betrag
				€

5 Ergänze.

138 ct	312 ct				800 ct	
1 € 38 ct		4 € 25 ct		4 € 8 ct		
1,38 €			7,90 €			0,06 €

1: Geldbetrag auf unterschiedliche Weise legen 2: Geldbeträge bestimmen 3 und 4: Geldbeträge bestimmen und in Kommaschreibweise notieren 5: Geldbeträge in unterschiedlichen Schreibweisen angeben

Strecken und Punkte

1 **a)** Verlängere die Strecke $\overline{DE}$ um 45 mm. Benenne den neuen Endpunkt mit F.

b) Wie lang ist die Gesamtstrecke $\overline{DF}$?

$\overline{DF}$ = ___ mm

c) Zeichne einen Punkt K, der zwischen D und E liegt, und einen Punkt L, der zwischen E und F liegt.

2 Verbinde die Punkte A, B, C und D so, dass ein Rechteck entsteht.
Gib die Länge der Rechteckseiten in Zentimeter an.
Färbe gleich lange Strecken in der gleichen Farbe.

$\overline{AB}$ = ___ cm
___ = ___ cm
___ = ___ cm
___ = ___ cm

3 **a)** Zeichne eine Strecke $\overline{EF}$ = 12 cm.

b) Zeichne auf dieser Strecke einen Punkt M so ein, dass zwei Strecken $\overline{EM}$ und $\overline{MF}$ entstehen, die gleich lang sind.

c) Gib die Länge der Strecken in Millimeter an: $\overline{EM}$ = ___ mm; $\overline{MF}$ = ___ mm

4 Wie viele Strecken findest du an den Figuren?
Gib die Länge der Strecken in Millimeter an. Schreibe so: $\overline{FG}$ = ___ mm

a)

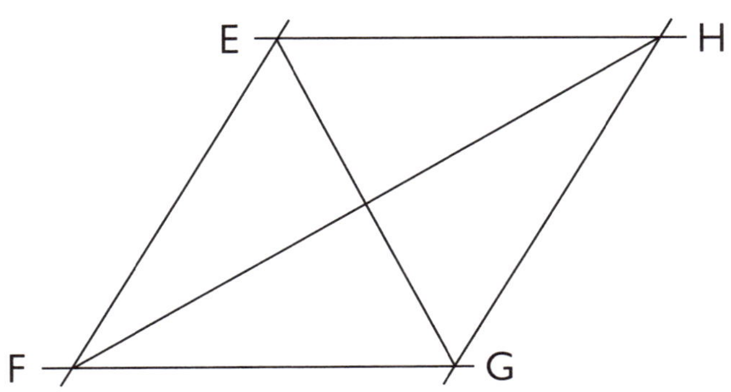

b)

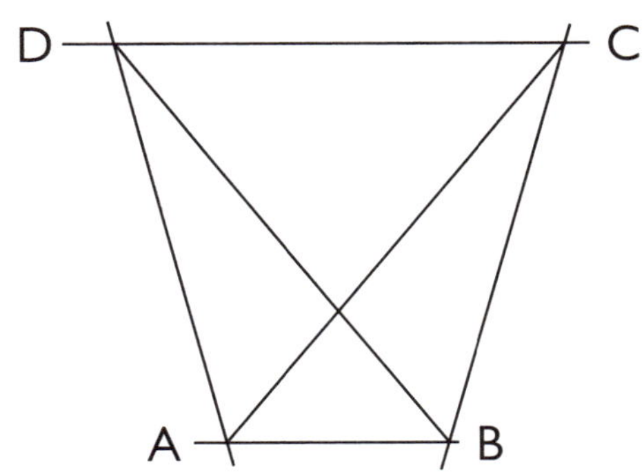

a) ___

b) ___

___

Strecken, die zueinander parallel sind

1 Zeichne Strecken, die zueinander parallel sind, mit gleicher Farbe nach.

2 Zeichne zu jeder Strecke zwei parallele Strecken mit dem Geodreieck.

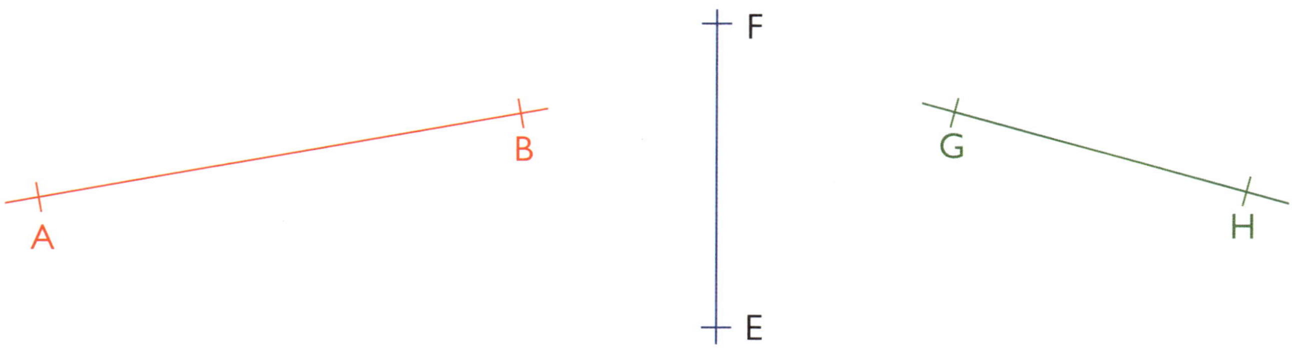

3 Zeichne das Spinnennetz weiter.

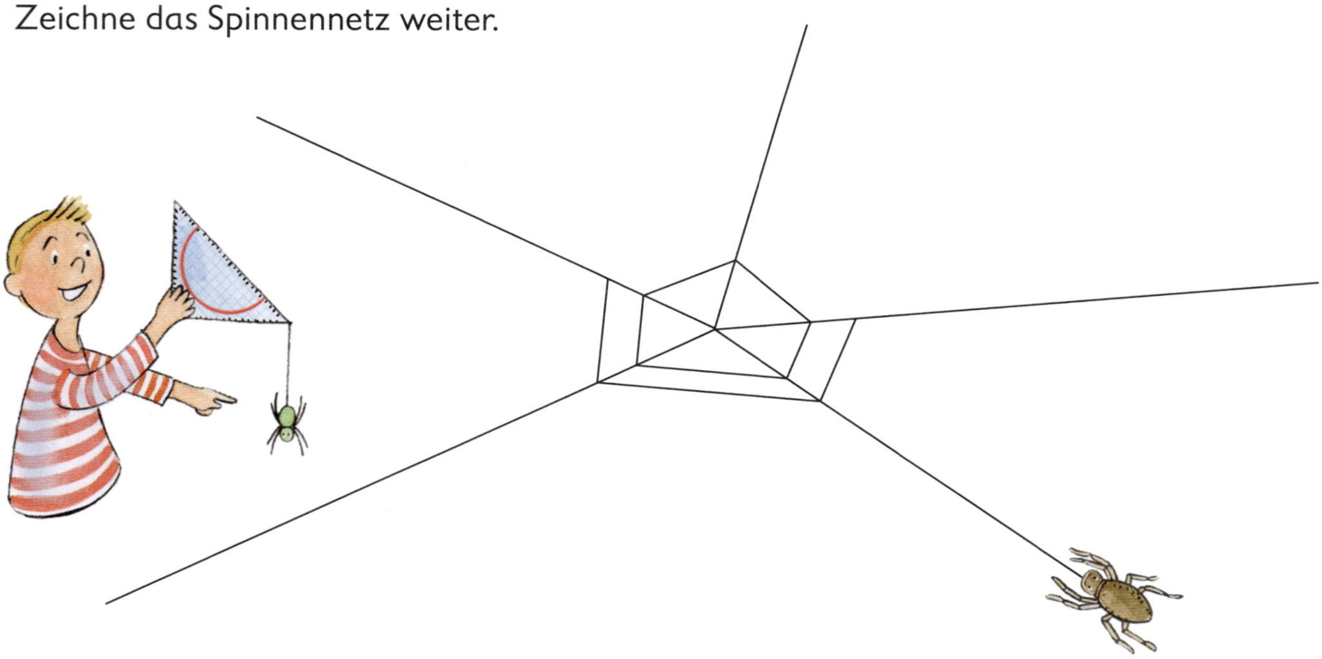

1: Parallele Strecken erkennen und nachziehen 2: Zu den gegebenen Strecken jeweils zwei parallele Strecken zeichnen 3: Parallele Linien erkennen und zum Netz weiterführen

Strecken, die zueinander senkrecht sind

1 Zeichne zu jeder Strecke eine Strecke, die senkrecht zu dieser ist.

a)

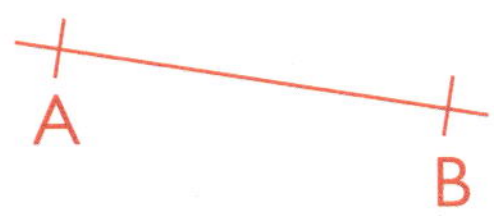

b)

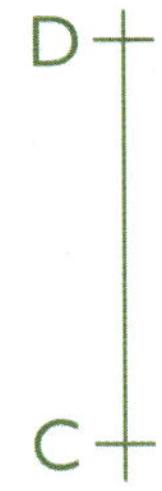

c)

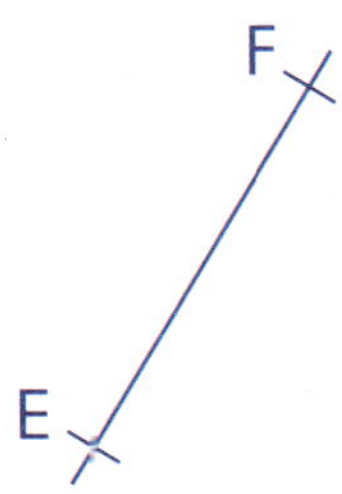

d)

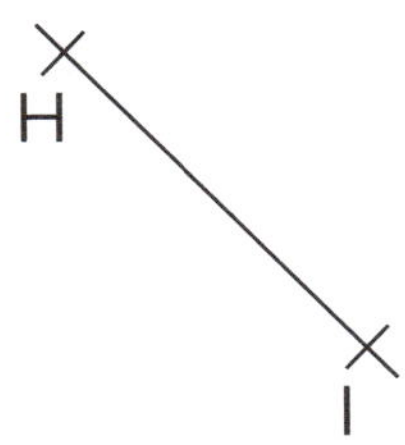

2 Welche Strecken sind senkrecht zueinander? Schreibe so: $\overline{AB}$ ist senkrecht zu _____.

a)

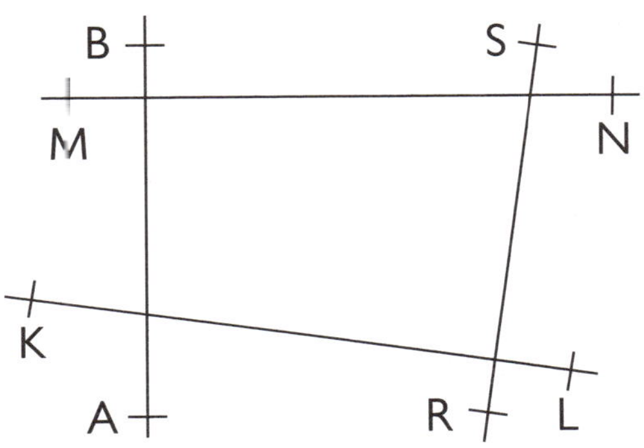

b)

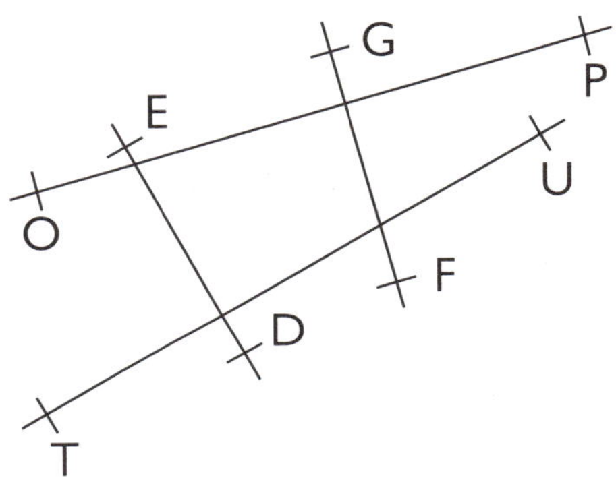

a) ____

b) ____

3 Überprüfe mit dem Geodreieck, welche Strecken zueinander senkrecht sind.
Färbe diese Strecken.

a)

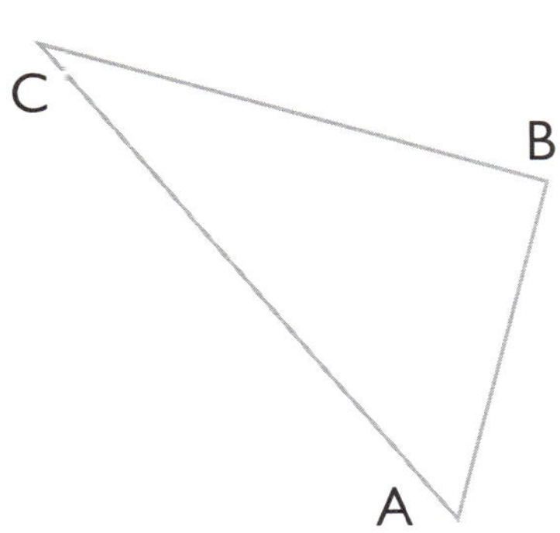

b)

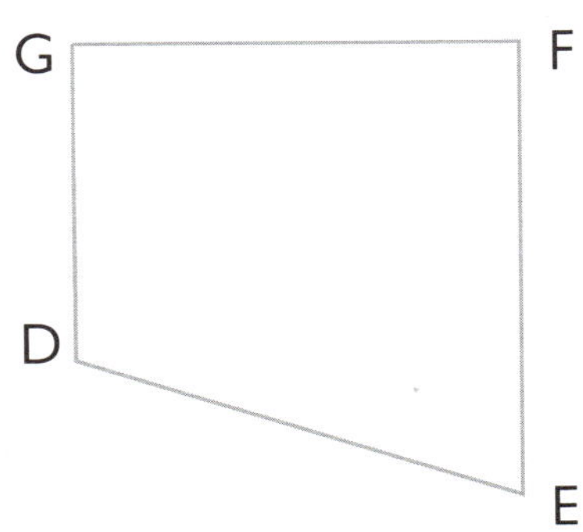

c)

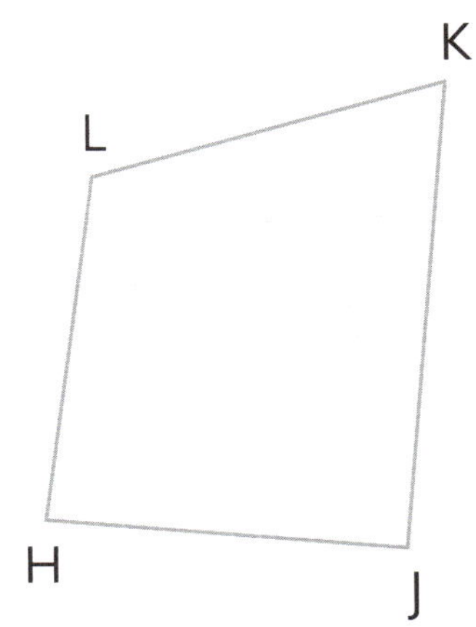

Addieren und Subtrahieren mit Hunderterzahlen

1 **a)**
200 + 600 = ___
800 + 100 = ___
300 + 300 = ___
400 + 600 = ___

b)
900 – 300 = ___
500 – 400 = ___
700 – 500 = ___
600 – 200 = ___

c)
300 + ___ = 500
100 + ___ = 900
___ – 200 = 600
___ – 800 = 200

2 **a)**

+	200		
435		735	
		591	791

b)

–	400		
888		288	
	222		522

3 Rechne und male die Felder unten mit den Ergebniszahlen aus.

444 – 200 = ___
791 + 200 = ___
827 – 200 – 100 = ___
567 + ___ = 767
100 + 321 + 500 = ___
___ – 300 = 333
991 – 800 = ___
299 + ___ = 999
200 + 331 + 400 = ___
882 – 600 – 100 = ___
___ + 500 = 885

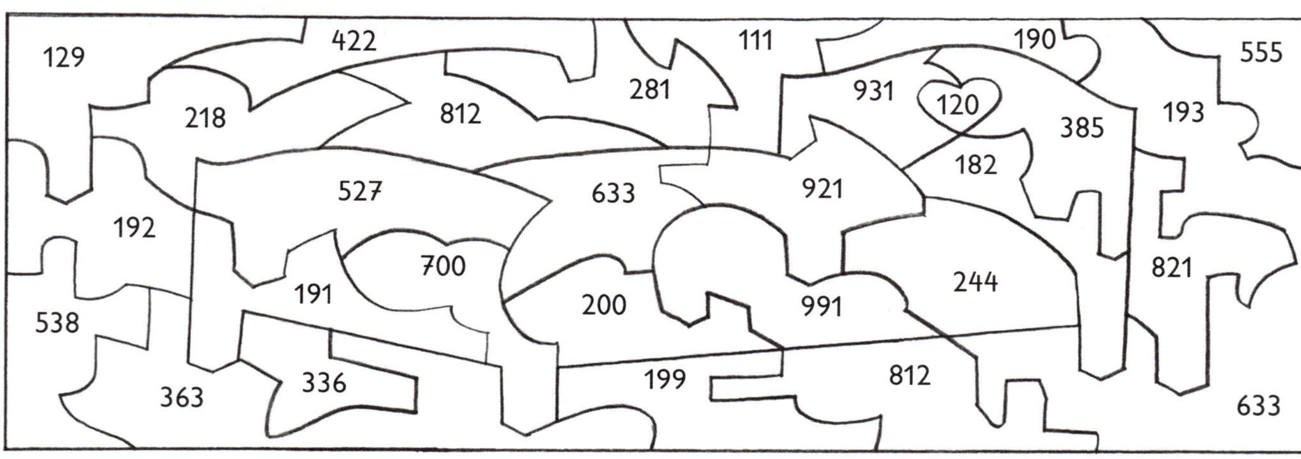

4 Schreibe die vollständige Aufgabe auf. Kreise dann die gesuchte Zahl ein.

___ = ___
___ = ___
___ = ___

Addieren und Subtrahieren mit Zehnerzahlen und dreistelligen Zahlen

1 **a)** 230 + 60 = ___
810 + 50 = ___
620 + 70 = ___
470 + 10 = ___

b) 730 + 50 = ___
450 + 20 = ___
230 + 30 = ___
950 + 40 = ___

c) 780 + ___ = 790
___ + 40 = 150
920 + ___ = 970
___ + 50 = 380

10	50
110	260
290	330
470	480
690	780
860	990

2 **a)** 190 – 30 = ___
460 – 30 = ___
950 – 50 = ___
350 – 20 = ___

b) 680 – 40 = ___
820 – 20 = ___
540 – 10 = ___
280 – 60 = ___

c) 390 – ___ = 320
___ – 60 = 110
840 – ___ = 820
___ – 70 = 420

20	70
160	170
220	330
430	490
530	640
800	900

3 Unter welchen Bäumen suchen die Enten Schatten? Verbinde.

4 **a)**

+	40	60	
520			
432			482

b)

–	30		
390		350	
948			928

c)

–	80		
789		739	
	611		651

5 **a)** 122 ct + 40 ct = ___ ct
___ ct – 30 ct = 340 ct

b) 980 m – 70 m = ___ m
450 m – 40 m = ___ m

c) 970 ct + 20 ct = ___ ct
444 ct – ___ ct = 404 ct

d) ___ m + 30 m = 770 m
654 m – ___ m = 634 m

Addieren und Subtrahieren von Zehnern – Hunderterübergang

1

a)
480 + 30 =
330 + 80 =
750 + 90 =
570 + 70 =

b)
670 + 50 =
290 + 70 =
390 + 90 =
680 + 40 =

c)
560 + ___ = 610
___ + 20 = 810
___ + 50 = 730
450 + ___ = 530

50	80
360	410
480	510
640	680
720	720
790	840

2

a)
340 – 60 =
710 – 40 =
960 – 80 =
840 – 50 =

b)
220 – 90 =
840 – 70 =
430 – 60 =
510 – 90 =

c)
730 – ___ = 680
___ – 20 = 290
540 – ___ = 480
___ – 40 = 590

50	60
130	280
310	370
420	630
670	770
790	880

3 Rechne und färbe passend.

780 + 80
910 – 80
850 – 70
790 + 40
770 + 50 + 10
870 – 90
840 – 50 – 10
930 – 40 – 30
830 – 40 – 10
790 + 30 + 40
700 + 80
920 – 50 – 40
680 + 60 + 40
760 + 50 + 20
910 – 50

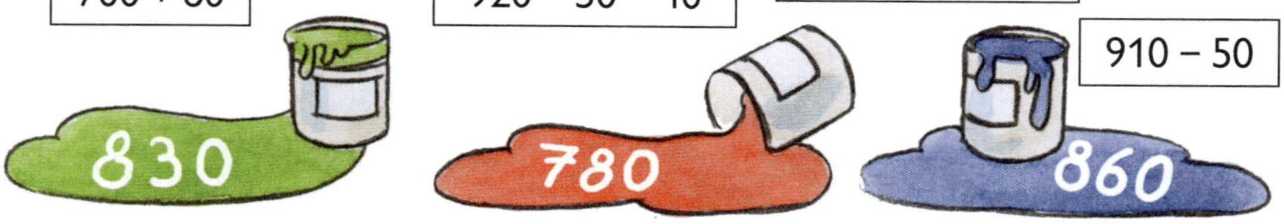

5-mal
6-mal
4-mal

4

a)

	970	
		90
790		

b)

		80
490	60	

c)

		100	
	130		
70		20	

5

6

Addieren und Subtrahieren mit einstelligen und dreistelligen Zahlen

1 **a)**
895 + 6 = ___
472 + 9 = ___
284 + 7 = ___
166 + 8 = ___

b)
129 + 9 = ___
338 + 3 = ___
765 + 8 = ___
477 + 5 = ___

c)
557 + ___ = 564
___ + 6 = 233
988 + ___ = 997
___ + 4 = 322

7 9 138 174 227 291 318 341 481 482 773 901

2

+	3	7	5	6	9
745					
		381			
597					
				194	

3

4 **a)**
143 – 6 = ___
785 – 9 = ___
532 – 4 = ___
926 – 8 = ___

b)
531 – 8 = ___
846 – 7 = ___
772 – 5 = ___
191 – 6 = ___

c)
392 – ___ = 388
___ – 6 = 727
244 – ___ = 235
___ – 4 = 879

4 9 137 185 523 528 733 767 776 839 883 918

5

–	7	8	6	4
433				
891				
	598			
				198

6

7 **a)**
582
▢ 9
▢ ▢ 2
▢ ▢ ▢ 1

b)
▢
993 8
▢ ▢ ▢
▢ 5 ▢ ▢

c)
716
707 ▢
700 ▢ ▢
694 ▢ ▢ ▢

Addieren und Subtrahieren mit zweistelligen und dreistelligen Zahlen

1

a)
222 + 24 =
584 + 13 =
335 + 52 =
826 + 43 =

b)
156 + 35 =
348 + 29 =
863 + 36 =
529 + 55 =

c)
344 + 48 =
727 + 64 =
555 + 29 =
273 + 18 =

191	246
291	377
387	392
584	584
597	791
869	899

2

313 → +12 → ☐ → +26 → ☐ → +19 → ☐ → +15 → ☐ → +14 → ☐

3

a)
867 – 23 =
489 – 52 =
668 – 46 =
274 – 43 =

b)
243 – 34 =
348 – 13 =
555 – 27 =
762 – 35 =

c)
752 – 19 =
537 – 28 =
391 – 63 =
253 – 35 =

209	218
231	328
335	437
509	528
622	727
733	844

4

	872	
	24	
		5

	791	
	56	
	29	

5

	433	
	27	
		15

6 Rechne und färbe passend ein.

405 + 27
411 + 22
461 – 28
450 – 27
405 + 28
450 – 18
471 – 48
420 + 12
404 + 19
461 – 29
492 – 69

3-mal (grün)
4-mal (rot)
4-mal (blau)

1 bis 3: Addieren und Subtrahieren 4 und 5: Rechenmauern lösen
6: Aufgaben den Ergebnissen zuordnen

Addieren und Subtrahieren

1 Welche Blätter gehören zu keinem der Bäume? Steiche sie durch.

2 Wahr (w) oder falsch (f)? Berichtige.

a)
234 + 27 = 251
391 – 36 = 355
843 – 17 = 826
190 + 90 = 290

b)
333 + 49 = 382
194 – 37 = 167
280 + 70 = 250
573 – 28 = 545

3 **a)**

+	9		18	
275		300		
725				
572				585

b)

–	8		12	45
	388			
655		636		
471				

13 19 25 284 288 293 351 377 384 396 426 452 459 463
581 590 597 610 643 647 734 738 743 750

4 Setze das richtige Zeichen: < = > .

a)
554€ + 29€ ○ 584€
319€ + 34€ ○ 351€
878€ + 14€ ○ 892€
424€ + 58€ ○ 478€

b)
456 m – 29 m ○ 427 m
292 m – 18 m ○ 274 m
374 m – 46 m ○ 329 m
765 m – 37 m ○ 716 m

c)
689 m ○ 647 m + 32 m
567 m ○ 599 m + 22 m
185€ ○ 153€ + 42€
783€ ○ 721€ + 62€

5 **a)** Ein Summand ist 247. Der andere Summand ist das Doppelte von 8. Berechne die Summe.

b) Die Summe ist 684. Ein Summand ist 29. Berechne den anderen Summanden.

c) Die Differenz ist 584. Der Subtrahend ist die Hälfte von 18. Berechne den Minuenden.

1: Ergebnisse zuordnen 2: Ergebnis überprüfen und entscheiden 3: Rechnen in Tabellen
4: Addieren/Subtrahieren; Relationszeichen setzen 5: Fachwortschatz verstehen; Aufgaben bilden und lösen

Sachaufgaben – Besondere Wörter

1 Frau Kluge kauft für ihren Sohn ein Mountainbike für 348 Euro und einen Fahrradhelm für 36 Euro. Wie viel muss sie insgesamt bezahlen?

Aufgabe:

Antwort: ______________________________

2 Herr Menzel benötigt für die Renovierung seiner Küche 485 Fliesen. 67 Fliesen hat er schon. Wie viele Fliesen muss er noch kaufen?

Aufgabe:

Antwort: ______________________________

3 Der Fußbodenleger verkürzt die 183 cm langen Fußbodenleisten um 25 cm. Wie lang sind die Leisten dann noch?

Aufgabe:

Antwort: ______________________________

4 Der Sportplatz wird für das Schulsportfest geschmückt. Für den Zaun werden Wimpelketten von 234 m Länge benötigt. Hinzu kommen 48 m Wimpelkette für das Eingangstor und für die beiden Imbissstände zusammen 16 m. Wie viele Meter Wimpelkette werden insgesamt gebraucht?

Aufgabe:

Antwort: ______________________________

5 Aus den 3. Klassen nehmen 28 Mädchen und 38 Jungen am Sportfest teil. Das ist die Hälfte der Teilnehmer aus den 4. Klassen.

a) Wie viele Kinder nehmen aus den 4. Klassen teil?

b) Wie viele Kinder nehmen insgesamt teil?

Aufgaben:

Antwort **a)**: ______________________________

Antwort **b)**: ______________________________

1 bis 5: Inhalt erfassen; besondere Wörter erkennen und Rechenzeichen zuordnen; Aufgabe finden, lösen und antworten

1 Der Campingplatz „Tiefer See“ hatte bisher 367 Zeltplätze. Wegen einer neuen Waschanlage wurde die Anzahl der Plätze um 49 Plätze verringert.
Wie viele Zeltplätze stehen noch zur Verfügung?

Aufgabe:

Antwort: ____________________

2 Am Freitag reisten 127 Camper an. Am Sonnabend kamen weitere 48 Camper.
Am Sonntag meldeten sich nur halb so viele wie am Sonnabend an.
Wie viele Camper sind in den drei Tagen angereist?

Aufgabe:

Antwort: ____________________

3

Wie viele Kilometer ist der Mann gefahren?

Aufgabe:

Antwort: ____________________

4 Max und Ben wollen eine Woche auf dem Campingplatz bleiben.

a) Wie viel müssen sie bezahlen?
b) Wie viel müssten sie bezahlen, wenn sie doppelt so lange blieben?

Aufgaben:

Antwort **a)**: ____________________

Antwort **b)**: ____________________

1 bis 4: Inhalt erfassen; Aufgabe finden, lösen und antworten

Kilometer – Meter – Zentimeter – Millimeter

1

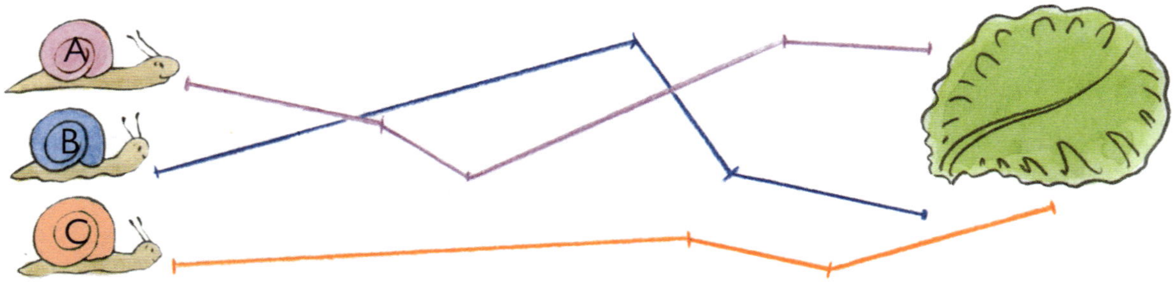

a) Schätze, ohne zu messen.

Welche Schnecke legt den kürzesten Weg zurück? Schnecke ___

Welche Schnecke legt den längsten Weg zurück? Schnecke ___

b) Miss jetzt alle Wege genau:

Schnecke A: ___ cm ___ mm = ___ , ___ cm

Schnecke B: ___ cm ___ mm = ___ , ___ cm

Schnecke C: ___ cm ___ mm = ___ , ___ cm

2 **a)** Ergänze zu einem Meter.

74 cm + ___ cm = 1 m

38 cm + ___ cm = 1 m

86 cm + ___ cm = 1 m

17 cm + ___ cm = 1 m

$\frac{1}{2}$ m + ___ cm = 1 m

b) Ergänze zu einem Kilometer.

400 m + ___ m = 1 km

$\frac{3}{4}$ km + ___ m = 1 km

1 000 m + ___ m = 1 km

930 m + ___ m = 1 km

85 m + ___ m = 1 km

3 Immer zwei Längenangaben sind gleich. Male sie mit der gleichen Farbe aus.

6 m 5 cm | 6,5 m | $\frac{1}{4}$ km | 5,6 cm | 1 000 m | 56 mm | $\frac{1}{2}$ km

650 cm | 56 cm | 1 km | 500 m | 0,56 m | 250 m | 605 cm

4 Welche Einheit passt? Setze sie richtig ein.

Maria wünscht sich zum Geburtstag eine neue Schulmappe.
Sie fährt mit ihrer Mutti in die 20 ______ entfernte Kreisstadt.
Die Fahrt mit dem Auto dauert 25 ______.
Vom Parkplatz zum Geschäft sind es etwa 500 ______.
Maria gefällt eine Tasche für 79,99 ______.
Die Tasche ist 0,38 ______ hoch und 32 ______ breit.
Am Reißverschluss hängt ein 55 ______ langer Anhänger.

mm
cm
m
m
km
min
€

1: Strecken schätzen und messen 2: Zum Meter bzw. Kilometer ergänzen
3: Gleiche Längenangaben erkennen 4: Einheiten in einen Lückentext einfügen

Addieren und Subtrahieren mit Zehnerzahlen

1

350 + 460

230 + 380

480 − 270

2

320 + 490

450 + 270

590 + 370

3

720 − 540

970 − 490

840 − 570

4 Vergleiche: < = >.

450 + 170 ◯ 620
620 + 190 ◯ 800
780 − 450 ◯ 230
540 − 270 ◯ 370
830 − 360 ◯ 470

5

Rechenmauer: oben 970; Mitte 380, ☐; unten ☐, 240, ☐

Rechenmauer: oben 800; Mitte ☐, ☐; unten 190, 230, ☐

6

Rechenmauer: oben 750; Mitte ☐, ☐; unten ☐, ☐, ☐

Rechenmauer: oben 1 000; Mitte ☐, ☐; unten ☐, ☐, ☐

Addieren und Subtrahieren mit dreistelligen Zahlen

1 Finde die Aufgabe und rechne.

313 + 215

2

426 + 233 | 252 + 537 | 478 + 325

3

854 − 632 | 593 − 284 | 785 − 536

4 Setze die Aufgabenreihe fort.

a)

672 + 211 = ___
562 + 321 = ___
452 + ___ = ___
___ + ___ = ___
___ + ___ = ___

b)

995 − 662 = ___
885 − 552 = ___
775 − ___ = ___
___ − ___ = ___
___ − ___ = ___

5

	245	
251	123	

	997	

1 bis 3: Halbschriftliches Addieren und Subtrahieren
4: Aufgabenreihen fortsetzen 5: Rechenmauern lösen bzw. eine mögliche Lösung finden

SB 57–58 **TÜ** 28

Kilogramm – Gramm

1 Schätze zuerst in Gramm (g) oder in Kilogramm (kg). Prüfe dann mit einer Waage.

Gegenstand	geschätzt	gemessen	Differenz
Federtasche			
Schulmappe			
Schuhe			
Füller			

Wie viel wiegen die Lebensmittel?

2 **a)**

☐ kg ☐☐☐ g

b)

☐ kg ☐☐☐ g

c)

☐ kg ☐☐☐ g

3 **a)**

☐ kg ☐☐☐ g

b)

☐ kg ☐☐☐ g

c)

☐ kg ☐☐☐ g

4 Ergänze zu einem Kilogramm.

300 g	520 g	680 g	250 g	70 g	965 g	750 g	2 g
700 g							

5 Setze das richtige Zeichen: < = > .

a)
520 g ◯ 250 g
100 g ◯ 1 kg
500 g ◯ 1 kg
1 000 g ◯ 1 kg

b)
340 g + 437 g ◯ 800 g
680 g + 240 g ◯ 820 g
725 g + 125 g ◯ 850 g
248 g + 352 g ◯ 600 g

c)
680 g – 230 g ◯ 440 g
900 g – 635 g ◯ 365 g
820 g – 790 g ◯ 130 g
135 g – 45 g ◯ 90 g

Liter

1 Was passt zusammen? Verbinde.

1 l	etwa 1 000 kg	250 g	10 l	etwa 3 kg	300 l

2 Wie viel Wasser ist in den Messbechern? Male aus.

1 l

$\frac{1}{2}$ l

$\frac{1}{4}$ l

$\frac{3}{4}$ l

3 Finde verschiedene Möglichkeiten, den 30-l-Behälter mit diesen drei Gefäßen zu füllen. Trage sie in die Tabelle ein.

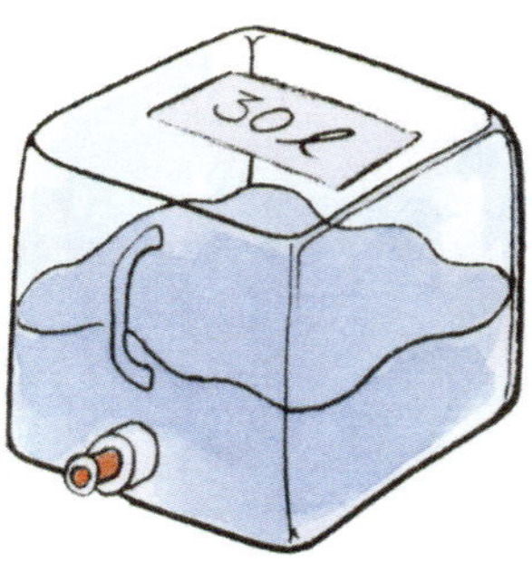

3	–	–

4 Setze das richtige Zeichen: < = >.

a)
1 l ◯ 3 l
15 l ◯ 5 l
$\frac{1}{2}$ l ◯ 1 l
71 l ◯ 17 l

b)
48 l + 34 l ◯ 82 l
36 l + 49 l ◯ 75 l
145 l + 46 l ◯ 200 l
240 l + 370 l ◯ 610 l

c)
92 l − 23 l ◯ 60 l
100 l − 67 l ◯ 37 l
970 l − 26 l ◯ 944 l
235 l − 34 l ◯ 200 l

5 Frau Scherbaum fährt an die Tankstelle und tankt 50 l Benzin.
Der Liter kostet heute 1,40 €.

Frage: ______________________________

Aufgabe: ______________________________

Antwort: ______________________________

1: Richtig zuordnen 2: Volumen kennzeichnen 3: Alle Möglichkeiten angeben
4: Relationszeichen setzen 5: Inhalt erfassen; Frage/Aufgabe finden, Aufgabe lösen und antworten

Überschlagsrechnung

1

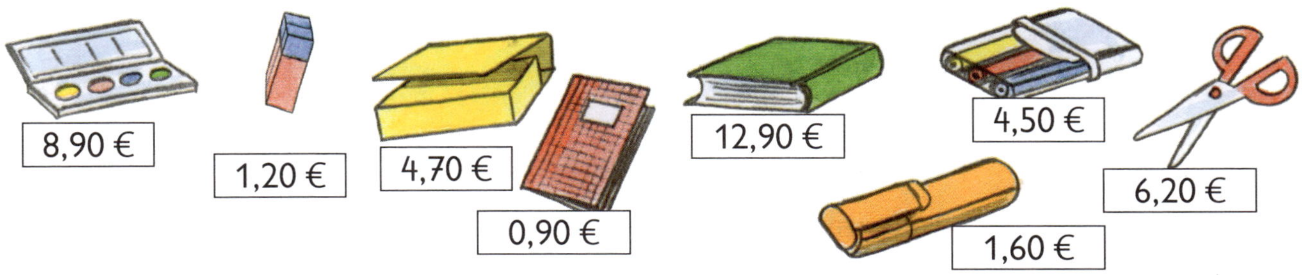

Reicht das Geld? Überschlage und kreuze an.

Die Kinder kaufen ein:	Er/Sie hat	Reicht das Geld?
Anna: 1 Farbkasten, 1 Radiergummi, 1 Schere	20 €	ja nein
Max: 1 Heft, 1 Buch, 1 Textmarker	17 €	ja nein
Tom: 1 Packung Buntstifte, 1 Heftemappe, 1 Schere	14 €	ja nein
Lisa: 1 Radiergummi, 1 Buch, 1 Heft	14 €	ja nein

Ü: € + € + € = €

Ü:

Ü:

Ü:

2 Welcher Hunderter liegt am nächsten?

322 → 300
781 →
438 →
653 →
749 →
375 →
233 →
895 →
978 →
659 →

3 Welcher Zehner liegt am nächsten?

254 → 250
357 →
894 →
733 →
514 →
617 →
351 →
755 →
796 →
804 →

4 Bilde zu den Aufgaben nur den Überschlag.

a)

315 + 291 + 436
Ü: 300 + + =
642 + 151 + 128
Ü:
427 + 281 + 125
Ü:
398 + 169 + 367
Ü:
273 + 432 + 219
Ü:

b)

126 + 288 + 331
Ü: 700
267 + 124 + 362
Ü:
354 + 258 + 125
Ü:
381 + 249 + 183
Ü:
215 + 345 + 228
Ü:

Addieren ohne Übertrag

1

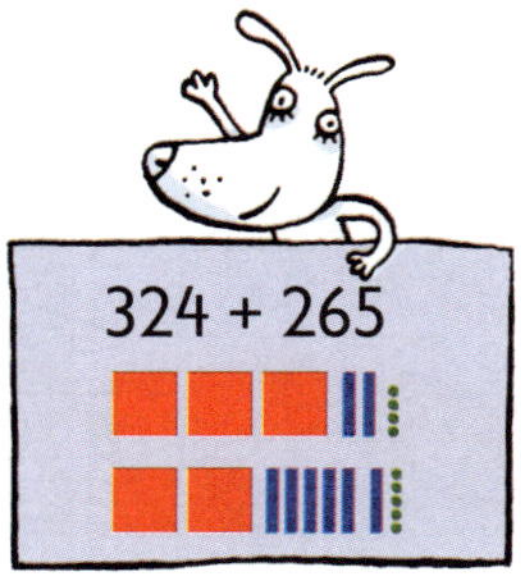

	H	Z	E
	3	2	4
+	2	6	5

	H	Z	E
	4	6	3
+	2	3	6

	H	Z	E
	2	3	4
+	4	5	3

	H	Z	E
	6	2	4
+	1	7	3

	H	Z	E
	4	3	6
+	2	5	3

2

	4	2	5
+	1	7	3

	6	2	5
+	1	4	3

	3	4	4
+	2	5	3

	7	8	3
+	1	1	5

	4	4	4
+		5	3

	6	3	3
+	2	0	5

	3	0	6
+	2	7	3

3 Schreibe erst die Summanden stellengerecht untereinander, addiere dann.

453 + 342   82 + 317   35 + 564

671 + 208   826 + 173   302 + 71

4 Ergänze die fehlenden Ziffern.

	4		8
+		5	
	7	7	9

	6	5	4
+		3	
	8		9

	7	5	
+	1		2
		5	6

	4	3	
+		6	4
	6		9

		4	
+	2		3
	9	8	6

	5	3	2
+		5	
	9		8

	4	2	2
+			
	8	9	7

5 Überprüfe und berichtige die falschen Ergebnisse.

	4	4	3
+	2	5	2
	6	9	4

	5	3	2
+	4	0	5
	9	3	9

	2	8	4
+	5	0	5
	7	9	9

	1	4	2
+	3	5	3
	4	9	5

	6	2	3
+	3	7	4
	9	8	7

	3	5	4
+	2	3	5
	5	9	8

	2	5	4
+	3	4	1
	6	8	5

6 Bilde mit den Ziffern 1, 2 und 3 zwei dreistellige Zahlen. Die Summe dieser Zahlen soll

a) 444 ergeben, **b)** 534 ergeben, **c)** 525 ergeben.

1 bis 3: Additionsaufgaben schriftlich lösen 4: Fehlende Ziffern ergänzen 5: Fehler finden und Ergebnisse berichtigen 6: Additionsaufgaben bilden und lösen, die passenden Summanden finden

Addieren mit Übertrag

1

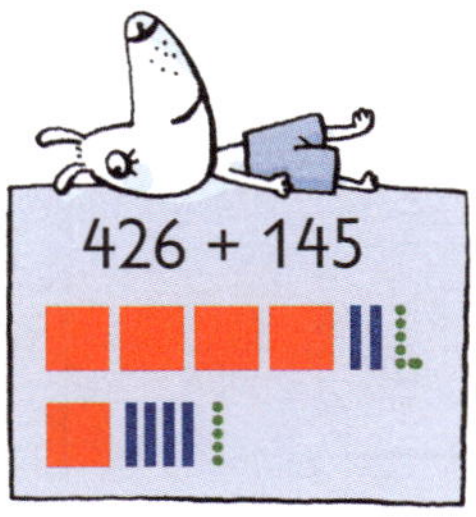

	H	Z	E
	4	2	6
+	1	4	5

	H	Z	E
	5	4	8
+	3	7	1

	H	Z	E
	6	4	3
+	2	7	8

	H	Z	E
	2	8	4
+	5	4	7

	H	Z	E
	4	3	2
+	3	9	5

2

	3	2	2
+	2	5	9

	7	4	0
+	1	7	3

	5	4	3
+	2	7	4

	6	0	9
+	1	9	2

	3	4	7
+	6	7	5

	7	8	1
+	1	8	7

	5	7	6
+	2	1	3

3

Addiere 479 und 321.

Berechne die Summe aus 428 und 393.

Berechne das Doppelte von 428.

Addiere zu 324 265 und 183.

4 Zur Zirkusvorstellung kamen aus der Waldschule 217 Kinder und aus der Lindenschule 175 Kinder.

Frage: ______________________________

Aufgabe:

Antwort: ______________________________

1 und 2: Schriftliches Addieren 3: Begriffe verstehen; Aufgabe bilden und lösen
4: Inhalt erfassen; Aufgabe/Frage finden, lösen und antworten

Subtrahieren ohne Übertrag – Ergänzen/Abziehen

1 Rechne mit „Ergänzen“.

	H	Z	E
	4	7	9
–	2	5	1

	H	Z	E
	7	5	9
–	5	3	6

	H	Z	E
	8	9	6
–	5	7	4

	H	Z	E
	7	9	6
–	4	6	2

	H	Z	E
	4	9	8
–	2	5	4

223
228
244
322
334

2 Rechne mit „Abziehen“.

	H	Z	E
	6	5	4
–	2	3	2

	H	Z	E
	9	7	5
–	7	3	4

	H	Z	E
	8	4	9
–	6	3	8

	H	Z	E
	5	4	2
–	4	3	1

	H	Z	E
	9	3	7
–	4	1	5

111
211
241
422
522

3 Rechne so, wie du möchtest.

	633		944		797		635		354		978		479
–	421	–	332	–	572	–	514	–	234	–	706	–	163

4 Rechne und kontrolliere mit der Umkehraufgabe.

625 – 413

759 – 548

589 – 176

5

Subtrahiere 635 von 968.

Der Minuend heißt 693, der Subtrahend 451. Berechne die Differenz.

Berechne die Differenz von 863 und 651.

1 und 2: Schriftliches Subtrahieren nach dem Ergänzungsverfahren/Abziehverfahren 3: Schriftliches Subtrahieren, Verfahren kann gewählt werden 4: Subtrahieren, Kontrolle mit der Addition 5: Begriffe verstehen; Aufgabe bilden und lösen **SB** 66–67 **TÜ** 33

Subtrahieren mit Übertrag – Ergänzen/Abziehen

1 Rechne mit „Ergänzen“.

HZE	HZE	HZE	HZE	HZE	HZE
754	854	794	947	846	663
− 536	− 583	− 547	− 585	− 375	− 224

2

532	957	693	676	754	843	753
− 328	− 384	− 369	− 349	− 328	− 317	− 248

Lösungen zu **1** und **2**:
204 218 247 271 324 327 362 426 439 471 505 526 573

3 Rechne mit „Abziehen“.

HZE	HZE	HZE	HZE	HZE	HZE
673	854	968	794	954	594
− 459	− 538	− 593	− 387	− 672	− 307

4

432	629	952	742	846	673	865
− 119	− 387	− 628	− 219	− 373	− 291	− 657

Lösungen zu **3** und **4**:
208 214 242 282 287 313 316 324 375 382 407 473 523

5 Rechne und kontrolliere mit der Umkehraufgabe.

923	793	857
− 416	− 468	− 473

1 bis 4: Schriftliches Subtrahieren mit Übertrag nach dem Ergänzungsverfahren/Abziehverfahren
5: Schriftliches Subtrahieren (Verfahren kann gewählt werden), Kontrolle mit der Addition

Subtrahieren mit Übertrag

1

H	Z	E
6	0	0
− 2	5	4

H	Z	E
8	0	0
− 3	5	6

H	Z	E
7	0	0
− 2	8	3

H	Z	E
3	0	0
− 1	8	9

H	Z	E
7	8	0
− 3	9	2

H	Z	E
5	4	0
− 1	6	5

2 Rechne und kontrolliere mit der Umkehraufgabe.

a) 200 − 138

b) 600 − 236

c) 504 − 287

3 Trage die fehlenden Zahlen in das Rechenrad ein.

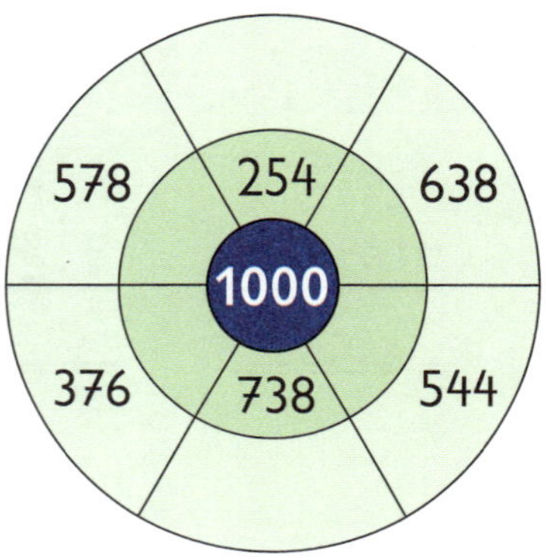

4 Trage die fehlenden Zahlen in das Rechenhaus ein.

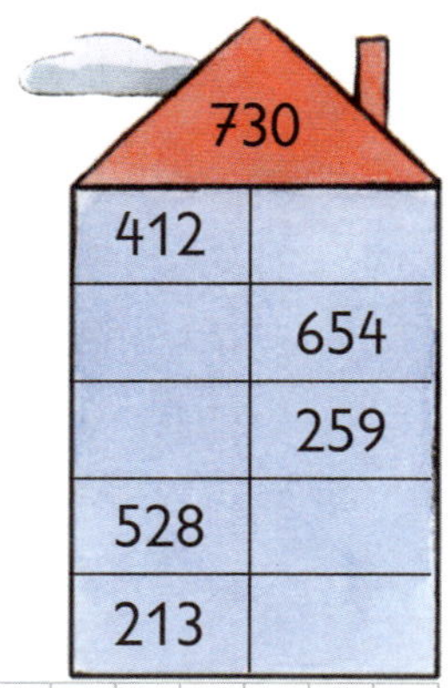

5

Vermindere den Vorgänger von 725 um 218.

Subtrahiere vom Nachfolger von 826 den Vorgänger von 419.

Verdopple den Vorgänger von 321 und subtrahiere 357.

1: Subtrahieren; Minuenden sind Vielfache von Hundert bzw. von Zehn 2: Subtrahieren, Kontrolle mit der Addition 3 und 4: Rechenrad/Rechenhaus ergänzen 5: Inhalt verstehen; Aufgaben finden und lösen

SB 70–71 **TÜ** 34

Addieren und Subtrahieren

1

527	635	458	773 €	229 m
+ 391	+ 248	+ 194	+ 209 €	+ 693 m

2

515	639	815	703 ct	844 mm
− 324	− 369	− 619	− 455 ct	− 509 mm

3

476	138	253 cm	129 m	98 €
+ 220	+ 396	+ 89 cm	+ 406 m	+ 412 €
+ 132	+ 266	+ 325 cm	+ 72 m	+ 153 €

4 Lisa und ihre Mutti haben eingekauft. Was müssen sie an der Kasse bezahlen? Überschlage erst und rechne dann genau.

5 Die Summe soll immer kleiner als 700 sein. Finde einen zweiten Summanden.

539	643	98
+	+	+

6 Die Differenz soll immer kleiner als 300 sein. Finde einen passenden Subtrahenden.

624	720	495
−	−	−

1 **a)** 336 + 414 =
258 + 445 =
529 + 375 =
405 + 287 =
183 + 569 =

b) 679 − 408 =
903 − 486 =
825 − 579 =
386 − 197 =
537 − 229 =

189 246 271 308 417 692 703 750 752 904

2 Überprüfe und berichtige die falschen Lösungen.

276	228	536	836	736	954	673
+ 558	+ 463	+ 287	− 527	− 495	− 673	− 269
724	691	813	319	241	281	414

3

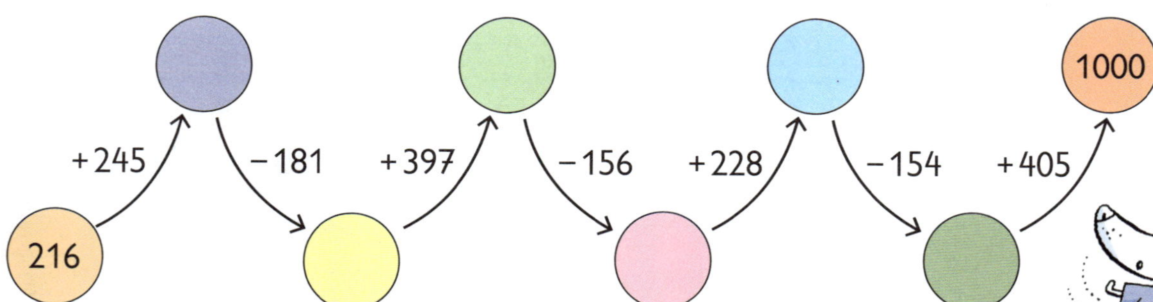

4 Ergänze die fehlenden Ziffern.

23□	5□7	□96	□85	□63	75□	□72
+ 4□2	+ 19□	+ 2□3	+ 32□	− 7□8	− 3□2	− 59□
□11	□32	62□	8□2	21□	□86	2□1

1: Mündlich oder schriftlich rechnen 2: Fehler finden und berichtigen
3: Rechenkette lösen 4: Fehlende Ziffern ergänzen

SB 72–73

1 In der Tabelle stehen Angaben über Flüsse innerhalb Deutschlands.
Berechne, auf welcher Länge die Flüsse nicht schiffbar sind.

Fluss	Länge in Deutschland	davon schiffbar	davon nicht schiffbar
Rhein	865 km	778 km	
Elbe	700 km	700 km	
Donau	647 km	387 km	
Main	524 km	384 km	
Saale	427 km	124 km	
Spree	382 km	147 km	

2 Die im Jahr 2013 in Dresden fertiggestellte Waldschlösschenbrücke ist 636 m lang.
Die Loschwitzer Brücke in Dresden wird auch das „Blaue Wunder“ genannt.
Diese Brücke ist 156 m kürzer.

a) Wie lang ist das „Blaue Wunder“?

b) Erkunde, warum diese Brücke so genannt wird.

Aufgabe:

Antwort: ______________________

____

3 Wie weit ist es von den Schildern bis zur Hütte?
Schreibe die Entfernungen in die Schilder.

4 **a)** Um wie viele Meter ist der Münchener Fernsehturm höher als der Stuttgarter Fernsehturm?

b) Um wie viele Meter ist der Münchener Fernsehturm niedriger als der Berliner Fernsehturm?

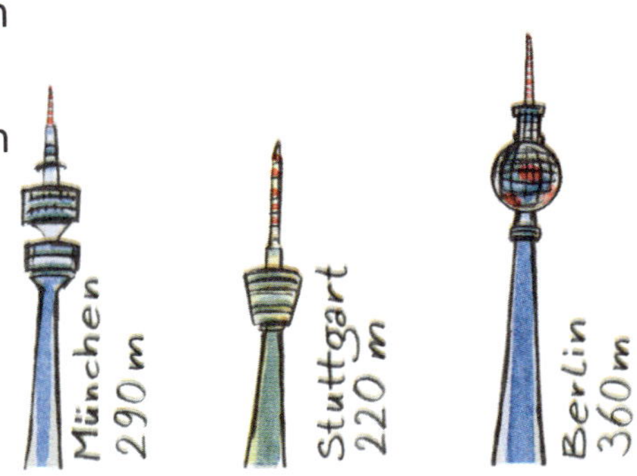

a) 　　　　**b)**

a) ______________________

b) ______________________

Daten in Tabellen und Diagrammen

1 Das Streifendiagramm enthält Angaben über die Schülerzahlen der Talschule.

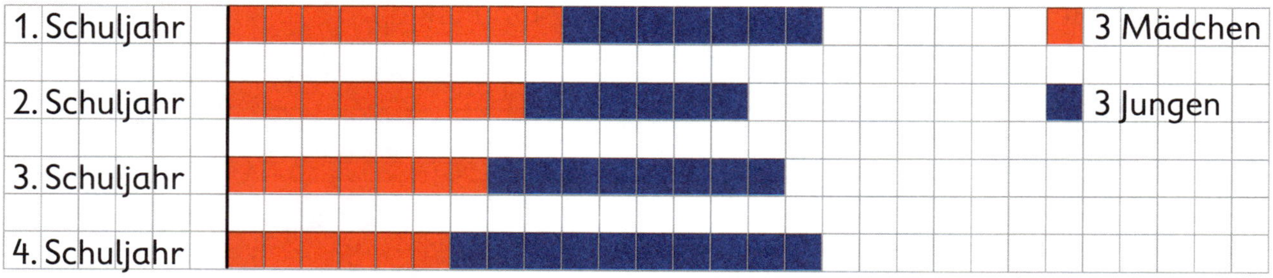

Trage die Schülerzahlen in die Tabelle ein.

	1. Schuljahr	2. Schuljahr	3. Schuljahr	4. Schuljahr	insgesamt
Mädchen					
Jungen					
zusammen					

2 Diese Tabelle gibt Auskunft über die Schülerzahlen der Bergschule.

	1. Schuljahr	2. Schuljahr	3. Schuljahr	4. Schuljahr	insgesamt
Mädchen	21	24		27	
Jungen	18		24		
zusammen		42	57		198

a) Trage die fehlenden Zahlen ein.
b) Stelle die Schülerzahlen in einem Streifendiagramm dar.

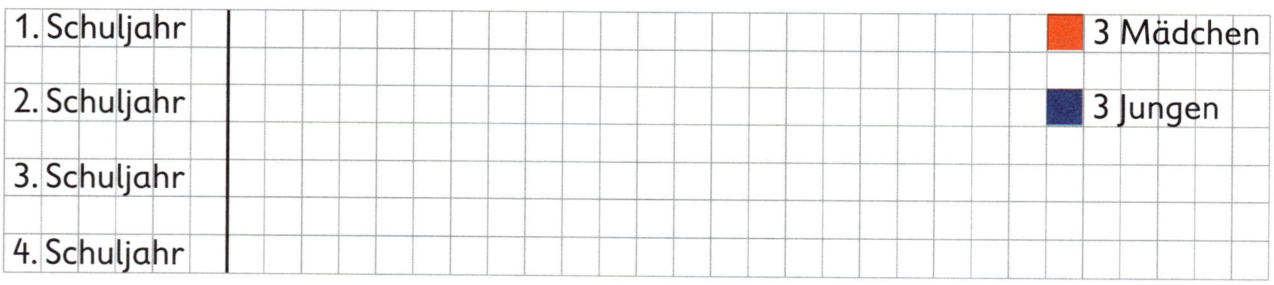

3 Vergleiche die Anzahl der Schüler der beiden Schulen.

	Talschule	> = <	Bergschule
1. Schuljahr			
2. Schuljahr			
3. Schuljahr			
4. Schuljahr			
zusammen			

1: Zahlen aus dem Diagramm entnehmen; Tabelle vervollständigen
2: Fehlende Angaben errechnen; Diagramm zeichnen 3: Schülerzahlen vergleichen

1

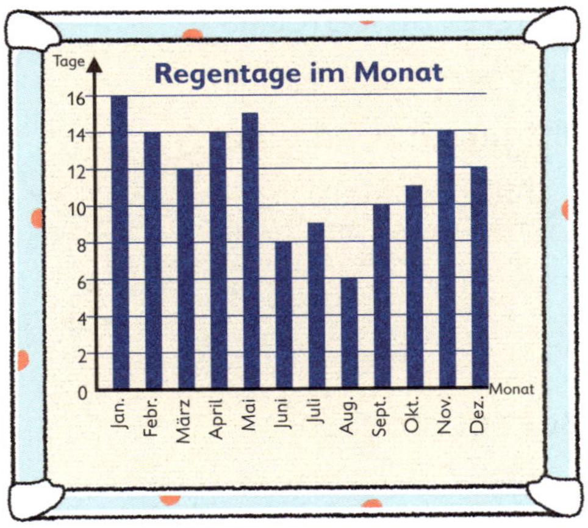

a) Wie viele Regentage gab es insgesamt:
in den Monaten Juli und August?
☐☐ Regentage
in den ersten drei Monaten des Jahres?
☐☐ Regentage

b) Welche Monate hatten mehr als 12 Regentage?

____

____

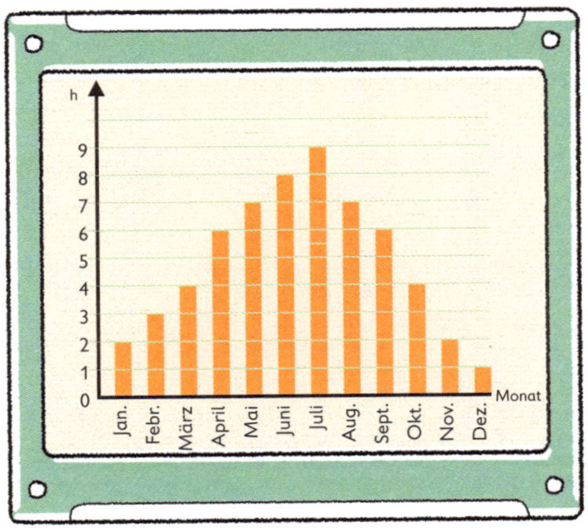

c) In welchem Monat gab es doppelt so viele Sonnenstunden wie im März?

____

d) Vergleiche die Sonnenstunden: > = < .

April ☐ h ○ Juni ☐ h

e) Finde Fragen zu den beiden Diagrammen. Dein Lernpartner beantwortet sie.

2

	Freizeitbad „Blaue Welle"					
	(Alle Preise in Euro)					
	Erwachsene					
Kinder		0	1	2	3	4
	0	0	8	16	24	
	1	6	14	22		
	2	12	20			
	3	18				
	4					

a) Welche Informationen kannst du aus der Tabelle ablesen?
Sprich mit deinem Lernpartner darüber.

b) Ergänze die fehlenden Zahlen.

c) Stimmt es, dass die Karten für 4 Kinder genauso viel kosten wie für 3 Erwachsene?

____

d) Finde selbst Aufgaben und stelle sie deinem Lernpartner.

1: Daten aus dem Diagramm ablesen und damit arbeiten 2: Inhalt der Tabelle erfassen; Tabelle ergänzen; Frage beantworten; Aufgaben finden und vom Lernpartner lösen lassen

Kombinieren

1

Wie viele verschiedene Menüs sind mit diesem Angebot möglich?

	Vorspeise	Hauptgericht	Nachspeise
1. Möglichkeit			
2. Möglichkeit			
3. Möglichkeit			
4. Mögl			

2 Setze die fehlenden Zahlen und Rechenzeichen ein.

23		36	=	59
+		−		+
	−		=	21
=				=
	+	25	=	80

	+	50	=	260
		·		+
		7	=	
=		=		=
260	+		=	

3 Ziehe die Linien in einem Zug nach. Du darfst jede Linie nur einmal nachziehen.

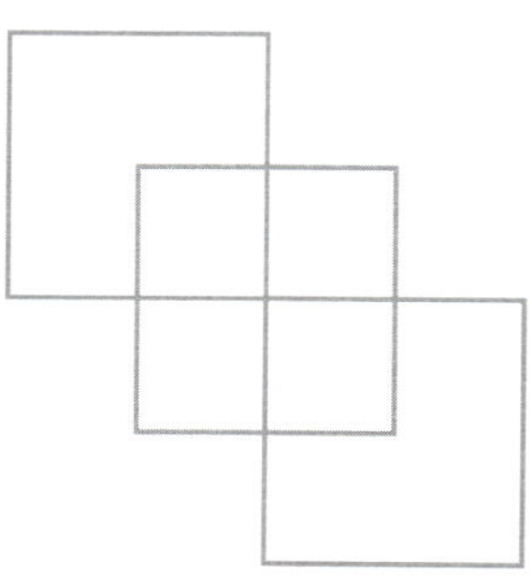

4 Max hat einen Eimer für 10 l und einen Eimer für 6 l. Er will genau 8 l in eine Wanne füllen. Wie kann er 8 l abmessen?

1 Wanderkarte Burgenland

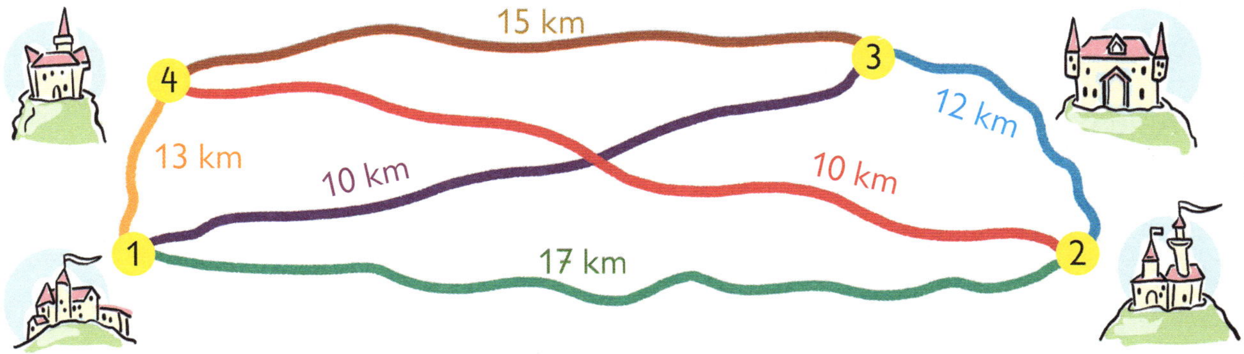

Jede der vier Burgen ist mit jeder anderen Burg durch einen Wanderweg verbunden. Max beginnt seine Wanderung an der Burg (1).
Er wandert auf dem kürzesten Wege zu allen anderen Burgen und kehrt zur Burg (1) zurück.
Welcher Wanderweg ist am kürzesten?
Schreibe den Weg so auf: (1) → ( ) → ( ) → ( ) → (1)

Berechne die Länge des Weges.

2 Hier wohnen Max, Lisa, Anna, Ben und Maria.

________ ________ ________ ________ ________

Max und Lisa haben jeder nur einen Nachbar. Anna wohnt zwischen Ben und Maria. Ben und Max wohnen nicht nebeneinander.
Marias Hausnummer ist eine kleinere Zahl als Lisas Hausnummer.
Wer wohnt in welchem Haus?
Schreibe die Namen unter das Haus.

3 Tom (T), Maria (M), Ben (B), und Lisa (L) nehmen an einen Staffellauf teil.

In welcher Reihenfolge könnten sie laufen?
Schreibe alle Möglichkeiten so auf: T M B L, …

Rechnen mit Größen – Kommaschreibweise

1 Max kauft Erdbeeren für 3,38 €.
Er hat 4,70 € mit.
Wie viel Geld behält Max übrig?

Aufgabe:

Antwort: ______________________

____

2 Anna springt beim Schulsportfest 3,42 m weit. Maria springt 2,28 m weit. Wie viele Zentimeter ist Anna weiter gesprungen?

Aufgabe:

Antwort: ______________________

____

3 **a)** 22,44 € + 13,71 € **b)** 12,98 € + 27,63 € **c)** 32,76 € – 21,53 €

4 Schreibe mit Komma und rechne dann.

236 cm + 2,69 m

7,44 m – 248 cm

12,76 m – 728 cm

5 Wie viel Geld hat jedes Kind nach dem Einkauf noch übrig?

Anna hat:

Sie kauft für 4,26 € ein.

Antwort: ______________________

____

Max hat:

Er kauft für 6,59 € ein.

Antwort: ______________________

____

Maria hat:

Sie kauft für 11,53 € ein.

Antwort: ______________________

____

1, 2 und 5: Inhalt erfassen; Aufgabe finden, lösen und antworten
3 und 4: Schriftliches Addieren und Subtrahieren mit Kommazahlen

SB 78–80 **TÜ** 37

Vierecke – Dreiecke

1 Zeichne Quadrate.

a)

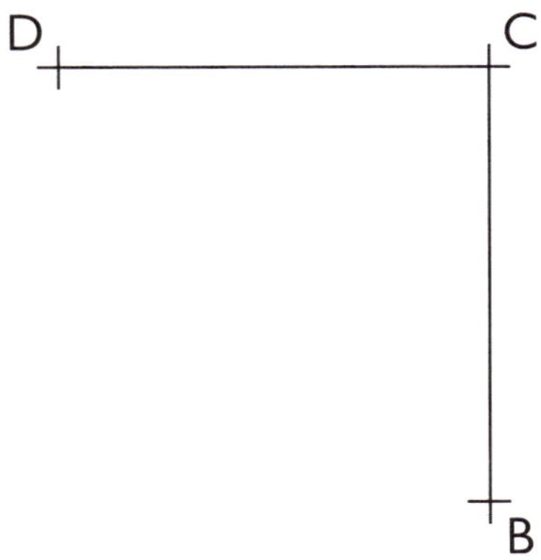

b)

c)

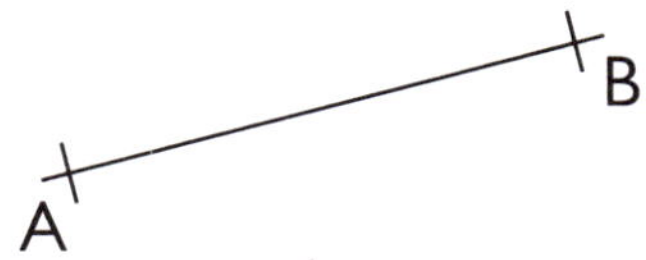

2 Zeichne Rechtecke.

a)

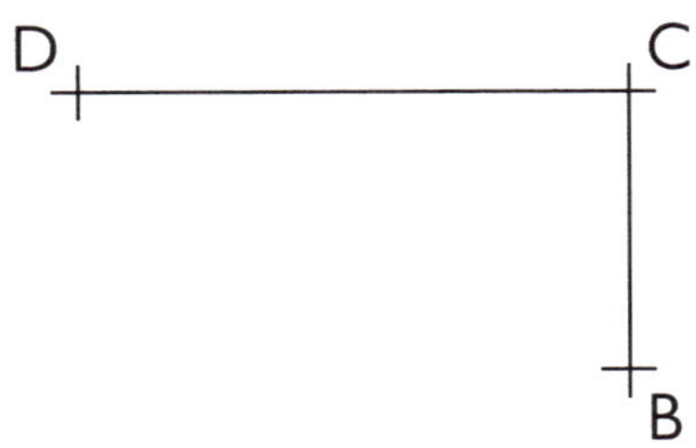

b)

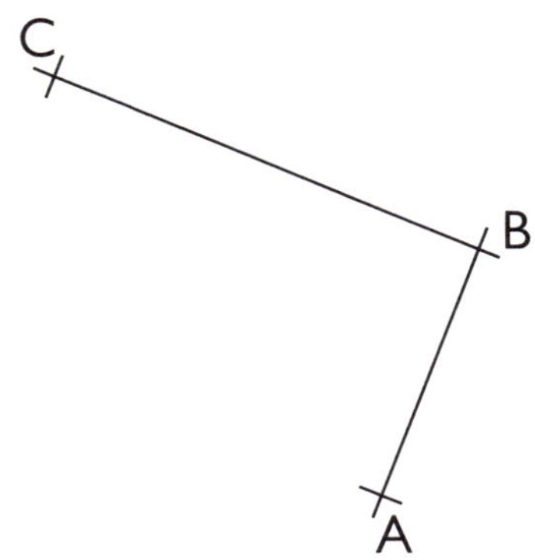

c)

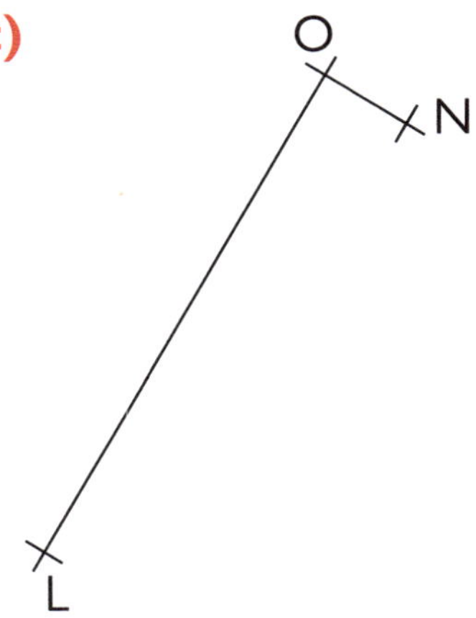

3 Zerlege das Quadrat durch Einzeichnen einer Strecke in:

a) zwei Dreiecke

b) zwei Rechtecke

c) ein Dreieck und ein Viereck

4 Zerlege das Quadrat durch Einzeichnen zweier Strecken in:

a) vier Dreiecke

b) drei Dreiecke

c) zwei Dreiecke und ein Viereck

1 und 2: Zu Quadraten/Rechtecken vervollständigen 3 und 4: Zerlegen nach Vorgabe

Parallelogramme

1 Zeichne nur die Parallelogramme farbig nach.

2 Ergänze so, dass Parallelogramme entstehen. Benenne die Eckpunkte.

a)

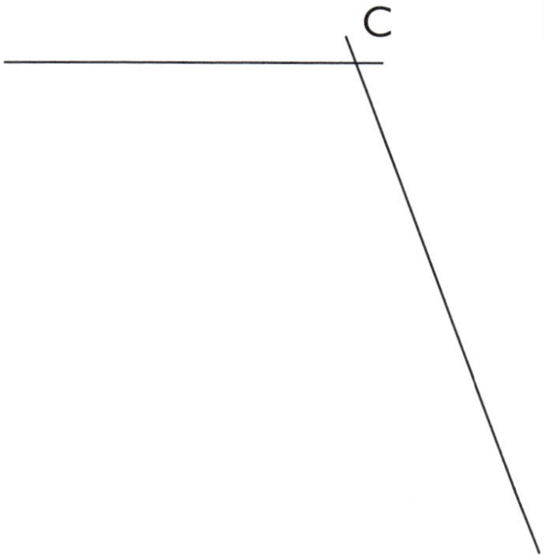

b)

c)

3 Zeichne Parallelogramme mit den angegebenen Seitenlängen.

a) $\overline{AB}$ = 6,5 cm, $\overline{AD}$ = 4 cm

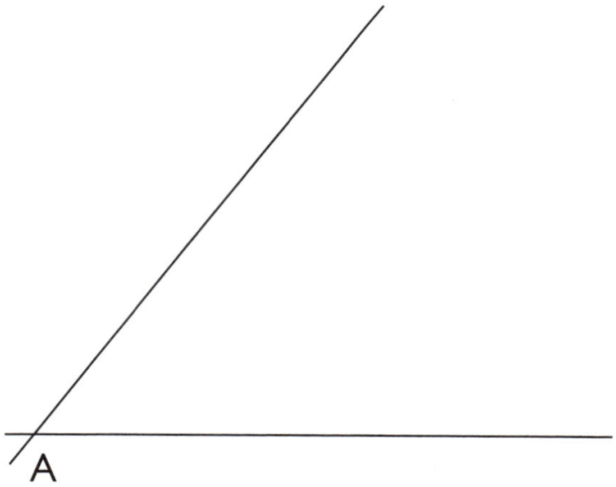

b) $\overline{HG}$ = 35 mm, $\overline{FG}$ = 70 mm

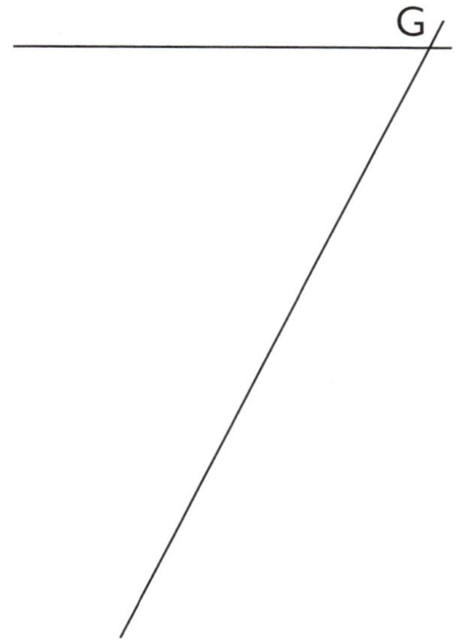

1: Parallelogramme identifizieren und nachzeichnen 2: Zu Parallelogrammen vervollständigen; Eckpunkte benennen 3: Parallelogramme nach Vorgabe zeichnen

Vielfache und Teiler einer Zahl

1 Welche Zahlen erreichen das rote Rechteck, das grüne Quadrat oder das blaue Parallelogramm? Trage sie ein.

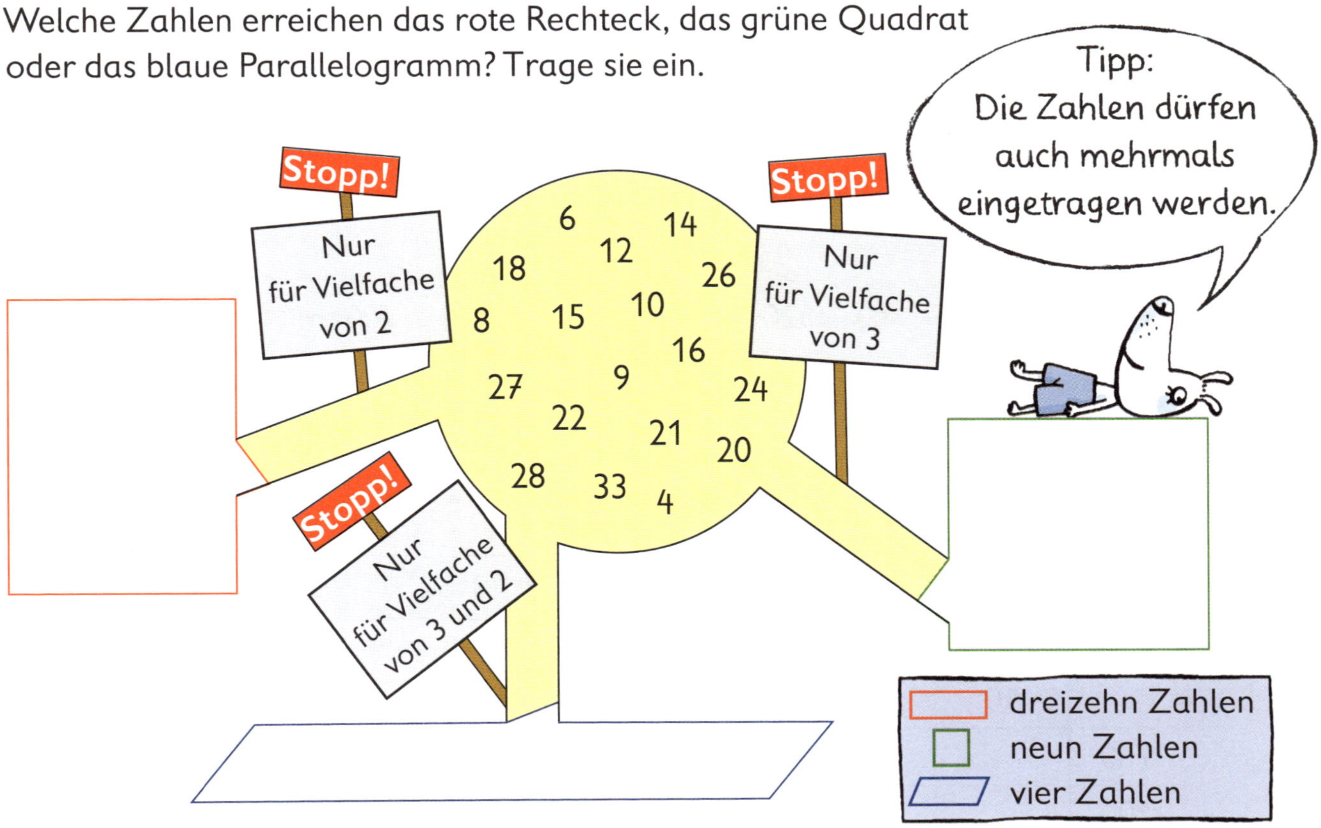

2 6 ist Vielfaches von 3, 2 und 1, weil $2 \cdot 3 = 6$, $3 \cdot 2 = 6$, $6 \cdot 1 = 6$

15 ist Vielfaches von ________ , weil ________________________

30 ist Vielfaches von ________ , weil ________________________

____

3 Finde möglichst viele Teiler.

24 hat die Teiler ________________ 36 hat die Teiler ________________

45 hat die Teiler ________________ 56 hat die Teiler ________________

4 Finde mindestens drei Zahlen, die

a) Vielfache von 7 sind: ________

b) Vielfache von 9 sind: ________

5 Schreibe mindestens drei Zahlen auf, die

b) durch 3 und 6 teilbar sind: ________

c) durch 2, 4 und 8 teilbar sind: ________

6

Die gesuchte Zahl ist Teiler von 20 und 16. Sie ist größer als 2.

____

Die gesuchten Zahlen sind Vielfache von 2 und 9. Sie sind kleiner als 70.

____

Multiplizieren und Dividieren mit 10 und mit 100

1 **a)**
7 · 10 = ___
27 · 10 = ___
10 · 6 = ___
10 · 79 = ___

b)
10 · 12 m = ___ m
10 · 17 m = ___ m
44 m · 10 = ___ m
63 m · 10 = ___ m

c)
4 · 100 € = ___ €
7 · 100 € = ___ €
9 € · 100 = ___ €
6 € · 100 = ___ €

60 70 120 170 270 400 440 600 630 700 790 900

2 **a)**
640 : 10 = ___
290 : 10 = ___
760 : 10 = ___
900 : 10 = ___

b)
520 ct : 10 = ___ ct
990 ct : 10 = ___ ct
400 ct : 10 = ___ ct
1 000 ct : 10 = ___ ct

c)
700 cm : 100 = ___ cm
100 cm : 100 = ___ cm
600 cm : 100 = ___ cm
1 000 cm : 100 = ___ cm

1 6 7 10 29 40 52 64 76 90 99 100

3

:	10	100
700		
100		
900		
1 000		

4 · 10

57	
91	
	100
	640

5 : 100

600	
1 000	
	4
	10

6 **a)**

66 —· 10→ ___ ; ← : ___
91 —· 10→ ___ ; ← : ___
79 —· ___→ 790 ; ← : ___

b)

200 —: 100→ ___ ; ← · ___
1 000 —: ___→ 10 ; ← · ___
850 —: ___→ 85 ; ← · ___

7

a) Die Zahl mit 100 multipliziert ergibt 0. ___
b) Das Zehnfache der Zahl ist 700. ___
c) Das Doppelte der Zahl ist 1000. ___
d) Die Zahl durch 100 dividiert ergibt 10. ___

1 bis 5: Multiplizieren und Dividieren 6: Multiplizieren/Dividieren und Faktor/Divisor ermitteln
7: Zahlen finden

Multiplizieren und Dividieren mit Zehnerzahlen

1 Setze die Aufgabenfolgen fort und rechne.

a)
1 · 40 =
3 · 40 =
5 · 40 =
· 40 =
· 40 =

b)
1 · 90 =
3 · 90 =
5 · 90 =
· 90 =
· 90 =

40 90 120 200 270 280 360 450 630 810

2 Berechne die Quotienten.

a)
270 : 30 =
720 : 90 =
420 : 60 =
180 : 20 =
350 : 50 =

b)
420 : 70 =
240 : 30 =
810 : 90 =
360 : 40 =
180 : 30 =

6 6 7 7 8 8 9 9 9 9

3 Bilde Aufgabenfamilien.

a) 60 9 540 **b)** 8 160 20 **c)** 240 60 4 **d)** 3 90 270

4 Setze das richtige Zeichen: < = > .

a) 3 · 80 ◯ 240
5 · 60 ◯ 250

b) 320 : 40 ◯ 6
450 : 50 ◯ 9

c) 490 : 70 ◯ 560 : 80
40 · 9 ◯ 80 · 5

5 Zerlege jede Zahl in ein Produkt mit einer Zehnerzahl.

280 = 4 · 70
280 = 70 · 4

420 = ·
420 = ·

560 = ·
560 = ·

720 = ·
720 = ·

6 **a)** Die Kinder der 3. Klassen sind auf dem Ponyhof. Einmal Ponyreiten kostet 3 €. Insgesamt hat der Reitlehrer 40 Reitkarten verkauft. Wie viel Geld hat er eingenommen?

b) Die Kinder der 4. Klassen haben doppelt so viele Reitkarten gekauft. Wie viel Geld haben sie dafür bezahlt?

c) Wie viel Euro hat der Reitlehrer insgesamt eingenommen?

Aufgaben:

Antwort **c)**: ______________________

1 und 2: Multiplizieren und Dividieren 3: Aufgabenfamilien bilden 4: Relationszeichen setzen
5: Zahl als Produkt schreiben 6: Inhalt erfassen; Aufgaben bilden, lösen und antworten

Punktrechnung und Strichrechnung in einer Aufgabe

1 a) 2 · 7 + 80 = ___ b) 25 + 3 · 6 = ___ c) 68 + 5 · 50 = ___

d) 348 + 7 · 30 = ___ e) 420 − 3 · 6 = ___ f) 6 · 7 − 15 = ___

g) 9 · 8 − 63 = ___ h) 134 − 9 · 8 = ___ i) 465 − 3 · 20 = ___

Lösungen zu **1** und **2**: 3 9 27 43 62 94 100 318 402 405 518 558 621

2 a) 210 : 30 − 4 = ___ b) 93 + 490 : 70 = ___

c) 522 − 320 : 80 = ___ d) 651 − 180 : 6 = ___

3 a) 3 · 5 + 6 · 10 = ___
8 · 8 − 2 · 20 = ___
9 · 4 − 8 · 3 = ___

b) 4 · 60 − 2 · 90 = ___
8 · 30 + 3 · 80 = ___
8 · 10 − 4 · 20 = ___

4 Setze das richtige Zeichen: < = > .

a) 3 · 9 + 2 · 8 ◯ 49
36 : 6 + 9 : 3 ◯ 12

b) 7 · 20 − 32 ◯ 108
500 : 10 − 25 ◯ 21

c) 4 · 6 + 3 · 5 ◯ 4 · 10 − 8
32 : 8 − 8 : 4 ◯ 6 : 2 + 2

1 bis 3: Aufgaben mit verschiedenen Rechenarten lösen
4: Punktrechnung vor Strichrechnung ausführen; Ergebnisse vergleichen

SB 94–95 TÜ 42

Aufgaben mit Klammern

1 **a)** 5 · (9 + 6) =
8 · (16 − 9) =
6 · (4 + 8) =
3 · (6 + 4) =

b) (23 + 7) · 4 =
(13 − 8) · 9 =
(27 + 3) · 8 =
(64 + 6) · 3 =

30 45 56 72 75 120 210 240

MERKE DIR
Immer erst die Aufgabe in der Klammer lösen.

2 **a)** (64 − 24) : 5 =
(30 + 60) : 3 =
(90 − 30) : 2 =
(80 + 40) : 4 =

b) 350 : (15 − 8) =
600 : (20 + 40) =
800 : (90 − 50) =
420 : (40 + 20) =

c) (420 − 60) : 60 =
(730 + 80) : 90 =
(540 − 90) : 50 =
(490 + 70) : 80 =

6 7 7 8 9 9 10 20 30 30 30 50

3

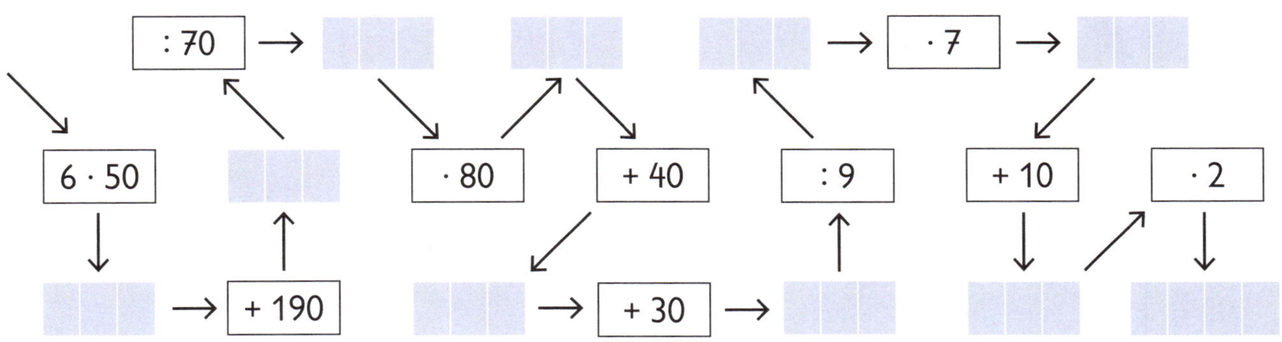

4 Finde die Aufgabe und löse sie.

Bilde die Summe aus 40 und 30 und multipliziere sie mit 9.

Bilde die Differenz aus 810 und 90 und dividiere sie durch 80.

Multipliziere die Differenz aus 90 und 70 mit der Zahl 50.

Dividiere die Summe aus 340 und 160 durch 50.

5 Setze das richtige Zeichen: < = > .

a) 3 · (30 + 40) ◯ 5 · (70 − 50)
8 · (40 + 60) ◯ 4 · (240 − 40)
9 · (20 + 30) ◯ 6 · (150 − 60)

b) (210 + 40) · 2 ◯ (50 + 30) : 8
(900 − 600) · 3 ◯ (450 − 150) · 2
(250 + 150) : 50 ◯ (25 + 15) : 5

Multiplizieren zweistelliger Zahlen mit einstelligen Zahlen

1 6 · 15   8 · 17   15 · 7

2 Immer zwei Aufgaben haben das gleiche Ergebnis. Färbe sie mit derselben Farbe.

6 · 18   12 · 9   8 · 12   14 · 6   18 · 5   7 · 12   6 · 15   12 · 6

16 · 6   3 · 12   16 · 3   15 · 4   4 · 18   18 · 2   4 · 12

5 · 12

3 8 · 45   34 · 7   28 · 8

4 Berechne.

das 5-Fache von 93   das 7-Fache von 89   das 9-Fache von 53

Dividieren zweistelliger Zahlen durch einstelliger Zahlen

1 **a)** 75 : 5 =
54 : 3 =
88 : 4 =
98 : 7 =

b) 84 : 4 =
64 : 2 =
96 : 8 =
90 : 5 =

c) 33 : 3 =
80 : 5 =
90 : 6 =
84 : 7 =

11	12	12
14	15	15
16	18	18
21	22	32

2 Rechne. Was stellst du fest?

a)

:	2	3	6	7
84				
42				

b)

:	2	3	4	6
48				
96				

3 Ordne den Aufgaben die Lösung zu.

64 : 4 57 : 3 42 : 2
80 : 5 95 : 5 32 : 2
76 : 4 63 : 3 84 : 4

21 19 16

3 x ▭ 3 x ▭ 3 x ▭

4

Der Dividend ist 69.
Der Divisor ist 3.
Berechne den Quotienten.

Welche Zahlen zwischen 60 und 80 lassen sich durch 3 und 4 teilen?

Die Faktoren sind 8 und 22. Berechne das Produkt.

Multiplizieren und Dividieren

1 **a)**
15 · 2 =
30 · 2 =
45 · 2 =
90 · 2 =

b)
25 · 2 =
25 · 4 =
25 · 6 =
25 · 8 =

30 50 60 90 100 150 180 200

2 **a)**
96 : 2 =
48 : 2 =
24 : 2 =
12 : 2 =

b)
96 : 8 =
96 : 6 =
96 : 4 =
96 : 2 =

6 12 12 16 24 24 48 48

3 Setze das richtige Zeichen: < = > .

a)
4 · 15 ◯ 2 · 35
7 · 21 ◯ 8 · 18
6 · 12 ◯ 7 · 13

b)
84 : 4 ◯ 66 : 3
68 : 2 ◯ 99 : 3
70 : 5 ◯ 51 : 3

c)
9 · 22 ◯ 4 · 63
95 : 5 ◯ 38 : 2
8 · 55 ◯ 6 · 72

4 In einer Konservenfabrik werden Dosen mit Früchten in Kartons verpackt.
In einen Karton kommen immer 8 Dosen.
Wie viele Kartons werden für 96 Dosen benötigt?

Aufgabe:

Antwort: ______________________________

5 Eine Wandergruppe will täglich 32 km wandern. Sie ist eine Woche unterwegs und legt nur einen Ruhetag ein. Wie viele Kilometer wandert die Gruppe in der Woche?

Aufgabe:

Antwort: ______________________________

1 und 2: Multiplizieren/Dividieren; Besonderheiten erkennen 3: Produkte/Quotienten berechnen; Relationszeichen setzen 4 und 5: Inhalt erfassen; Aufgabe finden, lösen und antworten

Vergleichen von Flächen

1 Ordne die Flächen nach ihrer Größe.

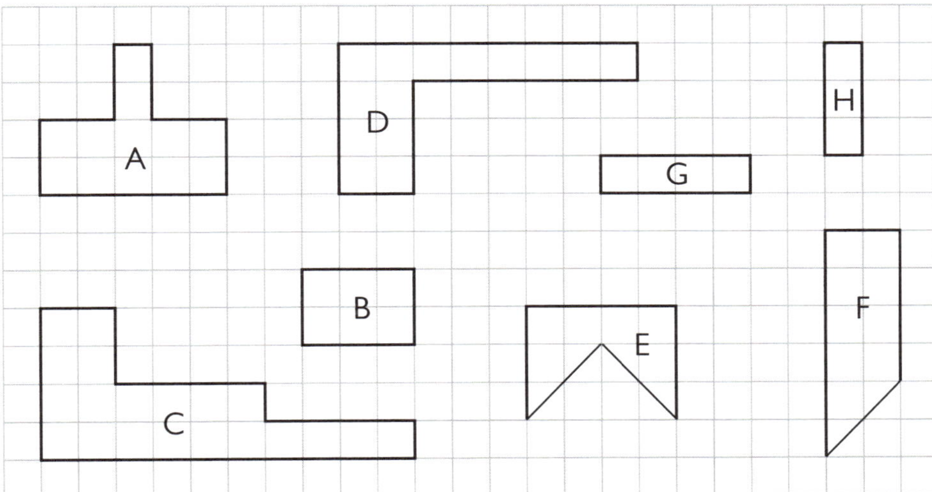

Beginne mit der größten Fläche: ____________________

2 Wie oft passt das Quadrat in die Figuren?
Wie oft passe das Dreieck in die Figuren?

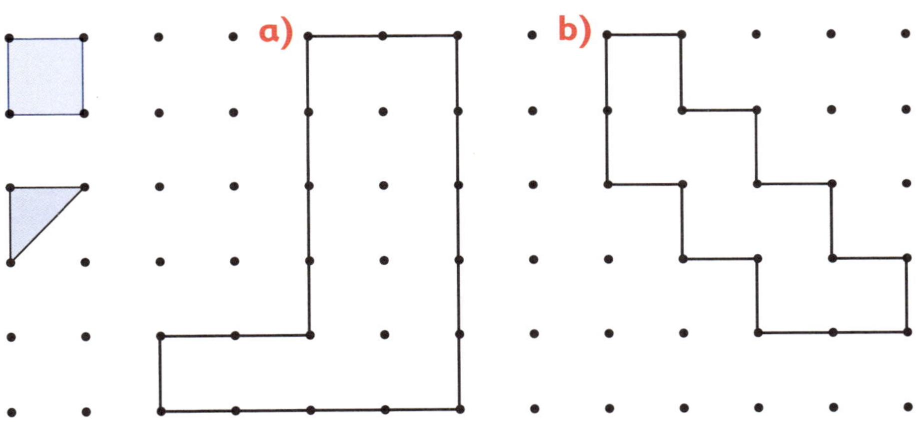

	a)	b)

3 **a)** Welche Figur ist doppelt so groß wie die Figur B?
Antwort: Die Figur ___ ist doppelt so groß wie die Figur B.

b) Stimmt es, dass die Figur A halb so groß wie die Figur D ist? Antwort: __________
Begründe: ____________________

Vergrößern – Verkleinern

1 Zeichne die Katze doppelt so groß.

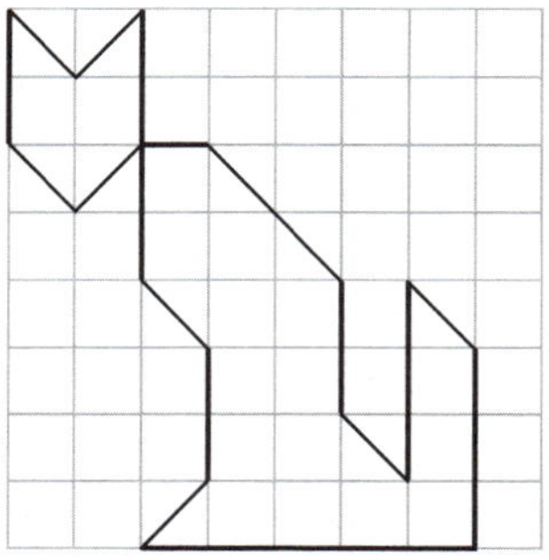

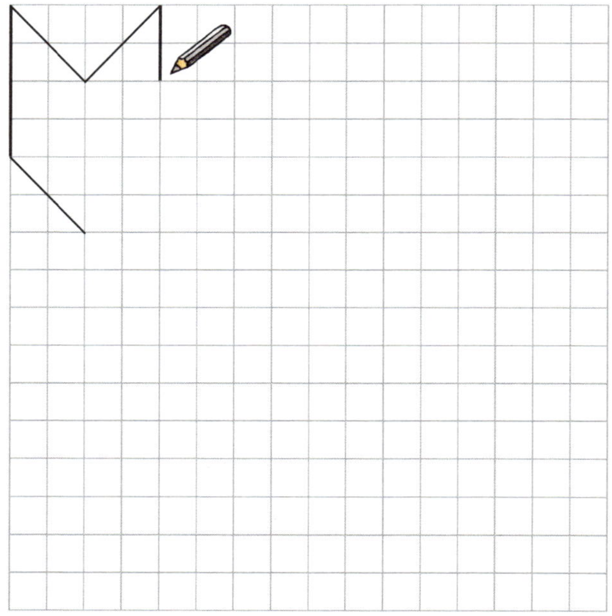

2 Zeichne den Vogel halb so groß.

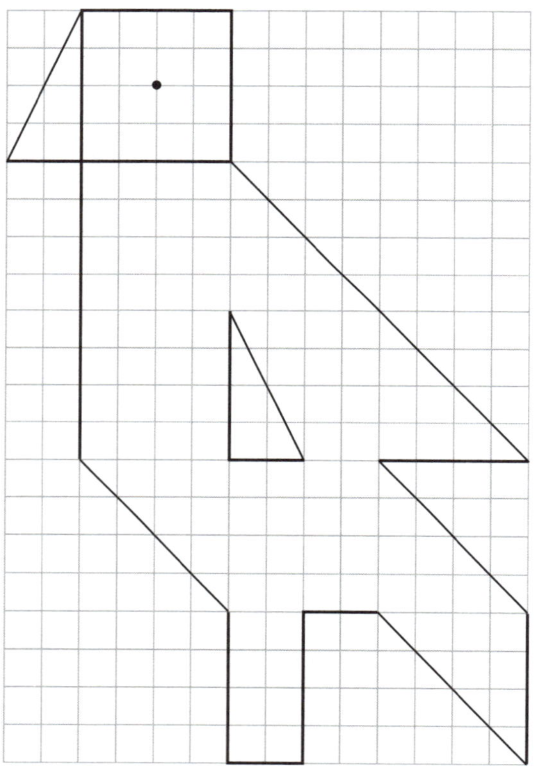

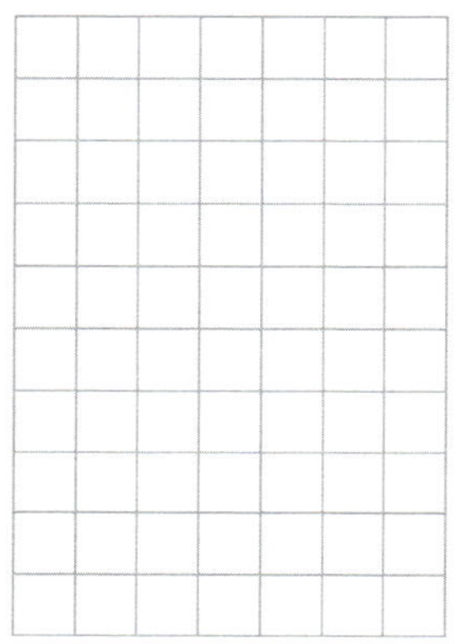

1 und 2: Vergrößern bzw. Verkleinern nach Vorgabe

Zeichnen von Kreisen

1 **a)** Gib den Radius und den Durchmesser des blauen Kreises an.

r = ___ mm   d = ___ mm

r = ___ cm   d = ___ cm

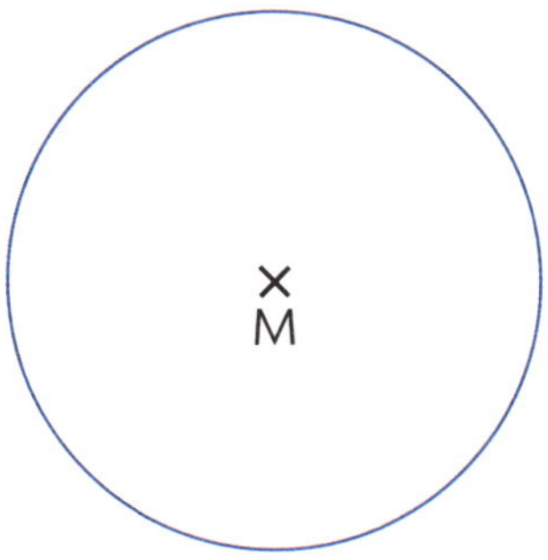

b) Zeichne um M einen Kreis mit einem Durchmesser, der 1 cm größer als der des blauen Kreises ist.

c) Zeichne um M einen Kreis mit einem Durchmesser, der 1 cm kleiner als der des blauen Kreises ist.

2 Zeichne die Kreismuster weiter. Male sie farbig aus.

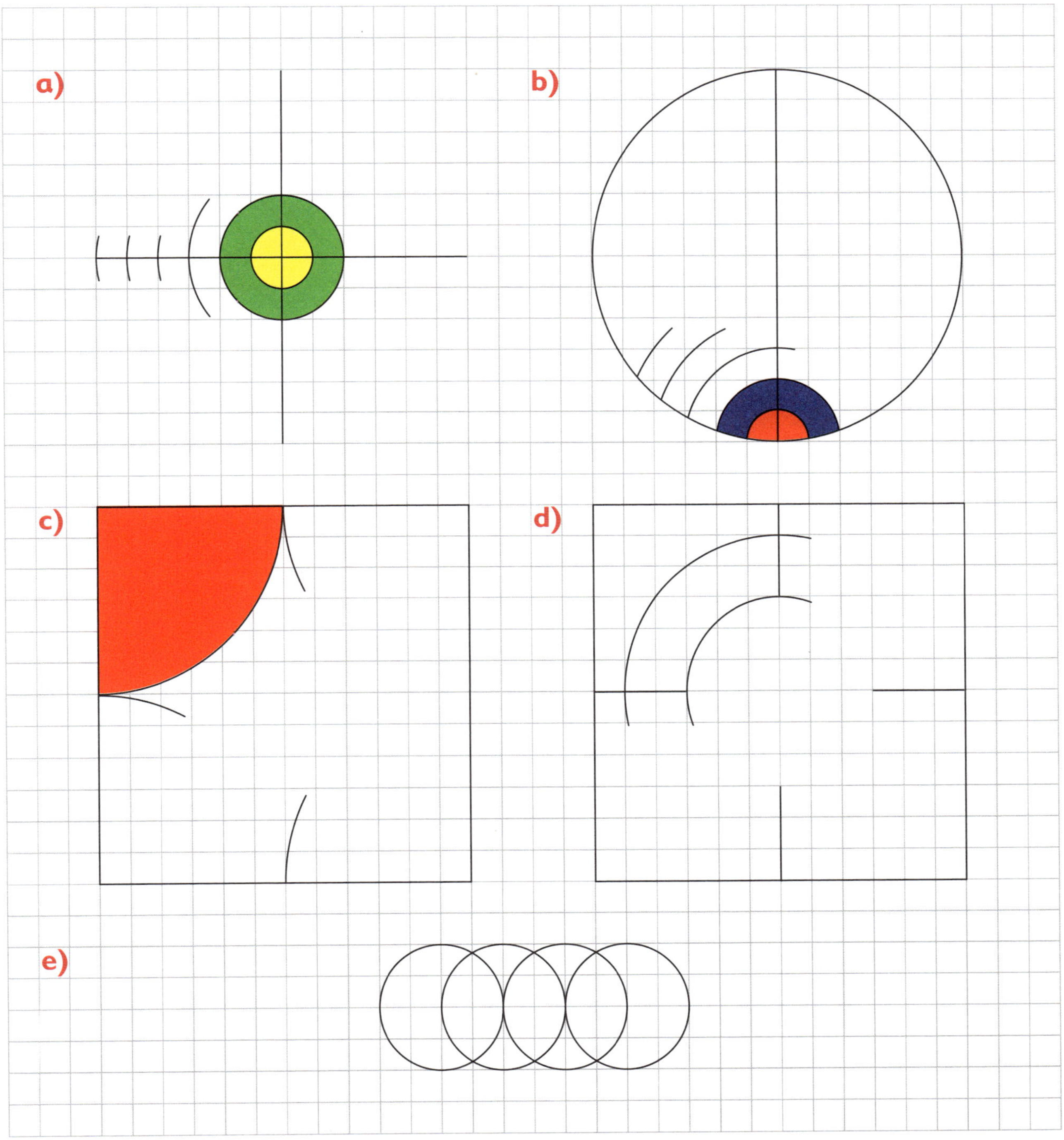

1: Durchmesser und Radius bestimmen; Kreise nach Vorgabe zeichnen
2: Muster weiterführen und färben

Achsensymmetrische Figuren

1 Finde möglichst viele Symmetrieachsen. Zeichne sie rot ein.
Male die Muster symmetrisch aus.

2 Ergänze zu symmetrischen Figuren.

a)

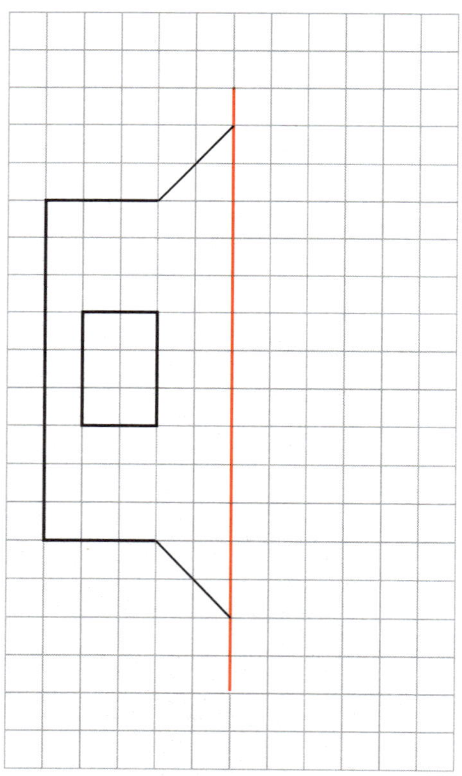

b)

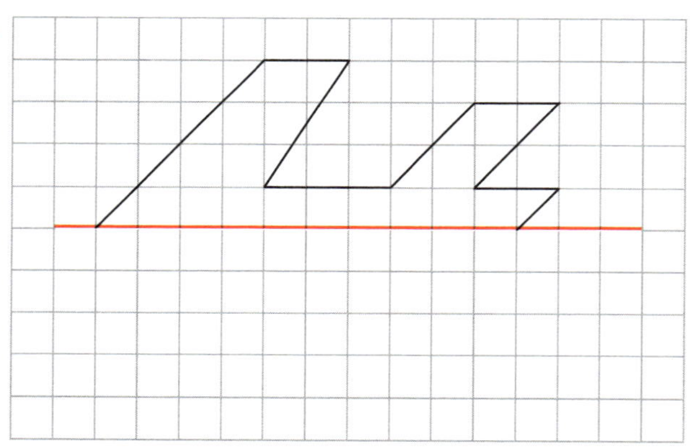

c)

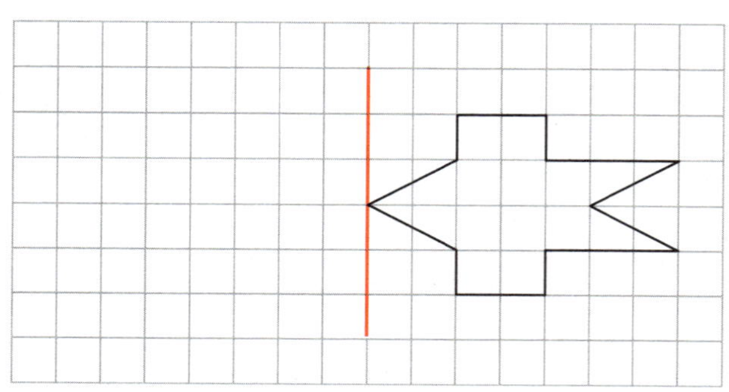

1: Symmetrieachsen finden und einzeichnen; Muster symmetrisch färben
2: Zu achsensymmetrischen Figuren ergänzen

SB 108–109 **TÜ** 50

Achsensymmetrische Figuren – Bandornamente

1 Ergänze zu symmetrischen Figuren.
Welche Tiere könnten es sein?

a)

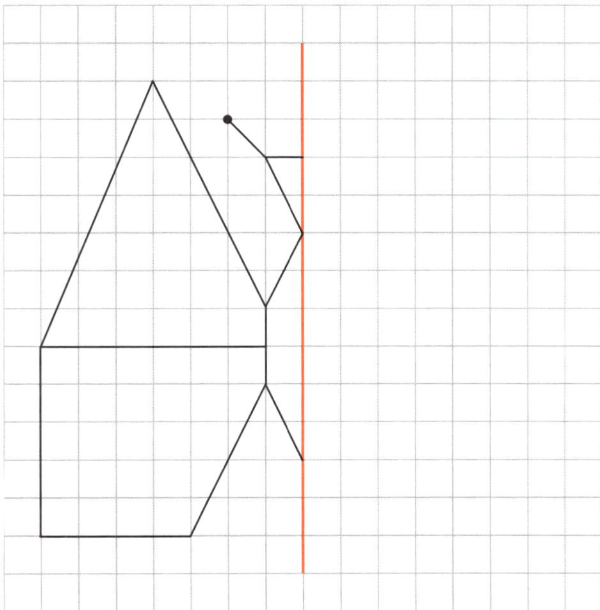

b)

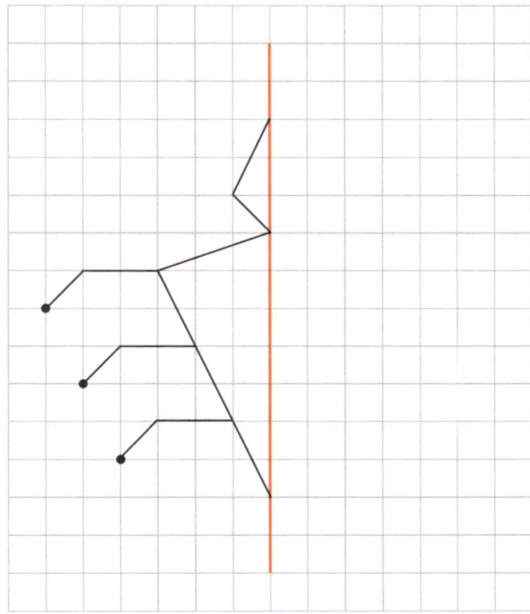

2 Zeichne das Bandornament weiter.

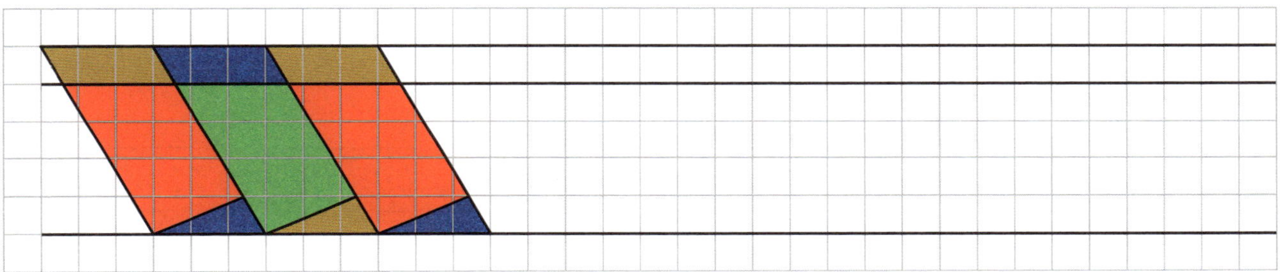

3 Die Bandornamente enthalten Fehler. Kreise die Fehler ein.

a)

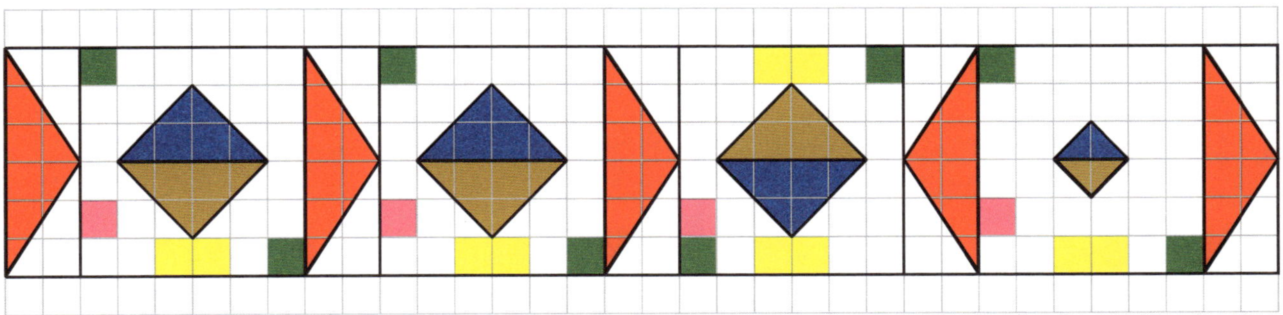

b)

Multiplizieren zweistelliger Zahlen mit Zehnerzahlen

1 $30 \cdot 27$ $\quad 23 \cdot 30$ $\quad 40 \cdot 23$

2 $70 \cdot 13$ $\quad 43 \cdot 20$ $\quad 16 \cdot 60$

3 Hier kannst du vorteilhaft rechnen.

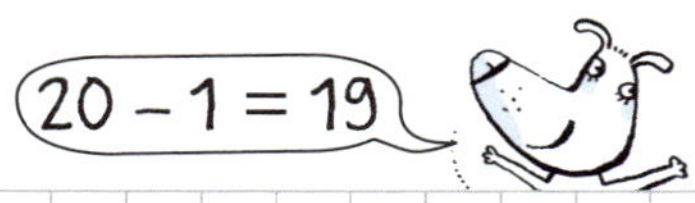

$50 \cdot 19$ $\quad 29 \cdot 30$ $\quad 39 \cdot 20$

Lösungen zu **1** **2** **3** : 690 780 810 860 870 910 920 950 960

4 Der Kranfahrer steigt jeden Tag 40 Stufen zu seiner Kabine hoch. Wie viele Stufen steigt er in einem Monat mit 23 Arbeitstagen hoch und runter?

Antwort: ______________________________

5 Mit der Differenz aus 42 und 28 findest du die fehlenden Zahlen.

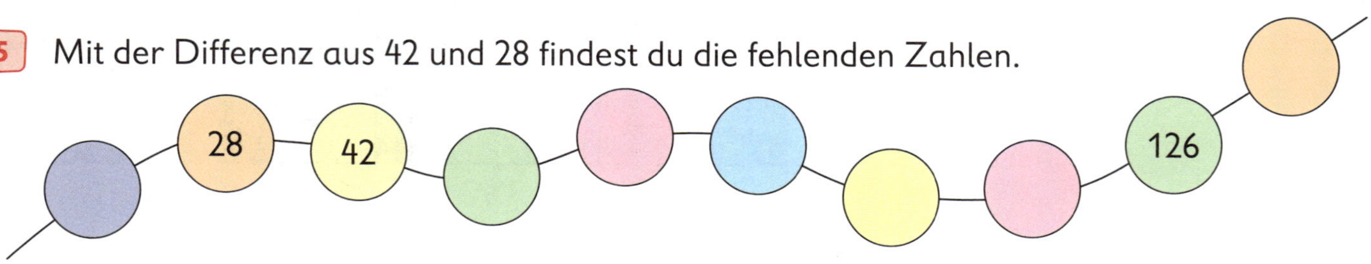

1 bis 3: Halbschriftliches Multiplizieren; Rechenvorteile nutzen
3: Inhalt erfassen; Aufgabe finden, lösen und antworten 5: Fehlende Zahlen eintragen

Multiplizieren ohne Übertrag

1

H	Z	E		
3	1	4	·	2
		H	Z	E

H	Z	E		
2	3	1	·	3
		H	Z	E

H	Z	E		
4	4	2	·	2
		H	Z	E

H	Z	E		
1	2	0	·	4
		H	Z	E

480 628
693 884

2 Rechne erst den Überschlag und multipliziere dann.

Ü:
342 · 2

Ü:
102 · 4

Ü:
233 · 3

Ü:
113 · 3

Ü:
423 · 2

Ü:
301 · 3

339
408
684
699
846
903

3

Berechne das Dreifache von 123.

Berechne das Doppelte von 434.

Berechne das Sechsfache von 111.

4

2 · 320 + 278
640 + 278

278 + 3 · 212

4 · 212 − 3 · 103

Erst die Aufgabe in der Klammer lösen, dann multiplizieren.

(278 + 154) · 2

3 · (722 − 489)

539
699
864
914
918

Multiplizieren mit Übertrag

1 Überschlage zuerst, multipliziere dann.

Ü:
325 · 3

Ü:
239 · 2

Ü:
118 · 4

Ü:
209 · 3

Ü:
482 · 2

Ü:
171 · 5

Ü:
263 · 3

Ü:
93 · 3

Ü:
194 · 4

279 472 478 627 776 789 855 964 975

2 Welcher Schmetterling setzt sich auf welche Blume? Male mit derselben Farbe aus.

3 Lisas Vati fährt mit seinem Auto zur Arbeit.
Die Strecke von zu Hause bis zum Betrieb ist 89 km lang.
Wie viele Kilometer fährt er von Montag bis Freitag?

Aufgabe:

Antwort: ______________________

____

____

____

1 und 2: Schriftliche Multiplikation mit/ohne Überschlag
3: Inhalt erfassen; Aufgabe finden, lösen und antworten

SB 116–117 **TÜ** 53–54

Dividieren dreistelliger Zahlen durch einstellige Zahlen

1

240 : 5

220 : 4

440 : 8

105 : 7

159 : 3

909 : 9

Lösungen zu **1** **2**:
15
48
53
55
55
101
35 R 2
74 R 3
95 R 1

2 Aufpassen! Hier bleibt beim Dividieren ein Rest.

191 : 2

373 : 5

142 : 4

3 Vervollständige zuerst die Aufgabenfolgen. Dividiere dann.

a)

189	:	9	=	
180	:	9	=	
171	:	9	=	
	:		=	
	:		=	

b)

147	:	7	=	
154	:	7	=	
161	:	7	=	
	:		=	
	:		=	

c)

320	:	8	=	
336	:	8	=	
352	:	8	=	
	:		=	
	:		=	

4 Von 104 Kindern der 3. Klassen trainiert die Hälfte in einer Sportgruppe. Ein Viertel der Kinder arbeitet regelmäßig in der Töpfer-Werkstatt.

Fragen: ______________________________

____

Aufgaben:

Antworten: ______________________________

Multiplizieren und Dividieren

1 Bilde Aufgabenfamilien.

a) 4 43 172 b) 6 33 198 c) 42 7 294 d) 5 125 25

2 Anna hat drei CDs gekauft. Auf jeder CD sind 80 Minuten Musik.
Wie viele Stunden Musik kann sie hören?

Aufgabe:

Antwort: ______________________

3 Ben fährt mit dem Fahrrad zur Schule. In einer Minute fährt er ungefähr 195 m. Für die Fahrt zur Schule braucht er ungefähr 5 min.
Anna kommt zu Fuß zur Schule. Sie legt in einer Minute eine Strecke von ungefähr 74 m zurück. Für den Schulweg benötigt sie 8 min.
Wer von den beiden hat den längeren Schulweg?

Aufgaben:

Antwort: ______________________

4 Rechne und male die Felder mit den Ergebnissen aus.

54 · 4 248 : 8 3 · 83 330 : 5 7 · 52

288 : 6 4 · 81 192 : 6 41 · 8

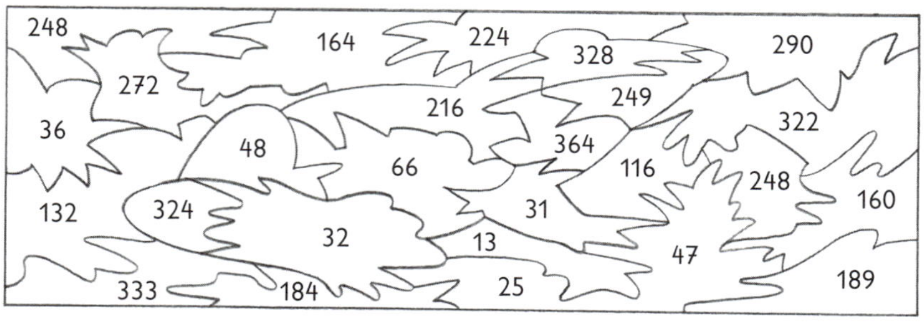

Rechne hier:

1: Aufgabenfamilien bilden 2 und 3: Inhalt erfassen; Aufgaben finden, lösen und antworten
4: Multiplizieren/Dividieren; Ergebnisse ausmalen

Minuten – Sekunden – Uhrzeit

1 Gib jeweils die Vormittags- und die Nachmittagszeit an.

2 Zeichne die Zeiger ein und ergänze die Uhrzeiten.

8:30 Uhr		6:20 Uhr	1:07 Uhr		
	22:15 Uhr			18:58 Uhr	23:32 Uhr

3 Schreibe auf, wie viele Sekunden seit 8:00 Uhr vergangen sind.

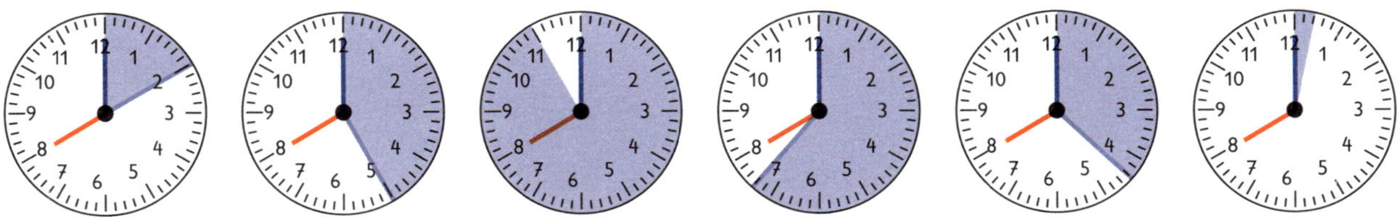

s	s	s	s	s	s

4 Rechne um.

a)

Stunden	1	3	7	$4\frac{1}{2}$	$2\frac{1}{4}$					
Minuten						120	240	45	90	360

b)

Minuten	1	5	8	10	3					
Sekunden						300	120	420	540	660

1: Vormittags- und Nachmittagszeiten angeben 2: Uhrzeiten einzeichnen; fehlende Zeiten bestimmen
3: Sekunden ablesen 4: Zeitdauer umrechnen

Alle Einheiten der Zeit – Zeitpunkt und Zeitdauer

1 a)

s	min
180	
600	
	4
	6
	9

b)

min	h
	$\frac{1}{2}$
15	
	$3\frac{1}{2}$
90	
	$5\frac{3}{4}$

c)

h	Tage
48	
96	
	3
	10
	5

d)

Tage	Wochen
14	
28	
	5
	12
105	

2 Ordne. Beginne mit der kürzesten Zeit.

a) 60 s | 2 min | 30 s | 240 s | 90 s | 1 min 20 s | 10 min

___

b) 1 h | 120 min | $1\frac{1}{4}$ h | 90 min | 360 min | $2\frac{1}{2}$ h

___

Wie viel Zeit ist vergangen?

3 a)

 + ___ min → 

 + ___ min → 

 + ___ min → 

 + ___ min → 

b)

 + ___ h ___ min → 

 + ___ h ___ min → 

 + ___ h ___ min → 

 + ___ h ___ min → 

4 a)

6:20 Uhr + ___ min → 6:45 Uhr

9:05 Uhr + ___ min → 10:00 Uhr

20:53 Uhr + ___ min → 21:17 Uhr

6:43 Uhr + ___ min → 7:32 Uhr

b)

8:50 Uhr + ___ h ___ min → 10:10 Uhr

10:45 Uhr + ___ h ___ min → 13:00 Uhr

18:15 Uhr + ___ h ___ min → 21:20 Uhr

5:36 Uhr + ___ h ___ min → 10:16 Uhr

1: Zeitdauer umrechnen 2: Zeitdauerangaben der Größe nach ordnen
3 und 4: Zeitdauerangaben berechnen

Zeitpunkt und Zeitdauer

1 Tom erzählt: „Am Wochenende war ich mit meiner Familie im Zoo. Um 8:45 Uhr fuhren wir von zu Hause los. Die Hin- und Rückfahrt dauerte jeweils $1\frac{1}{2}$ h. Wir blieben bis 15:35 Uhr im Zoo. Es war ein toller Tag."

a) Trage die fehlenden Angaben in die Übersicht ein.

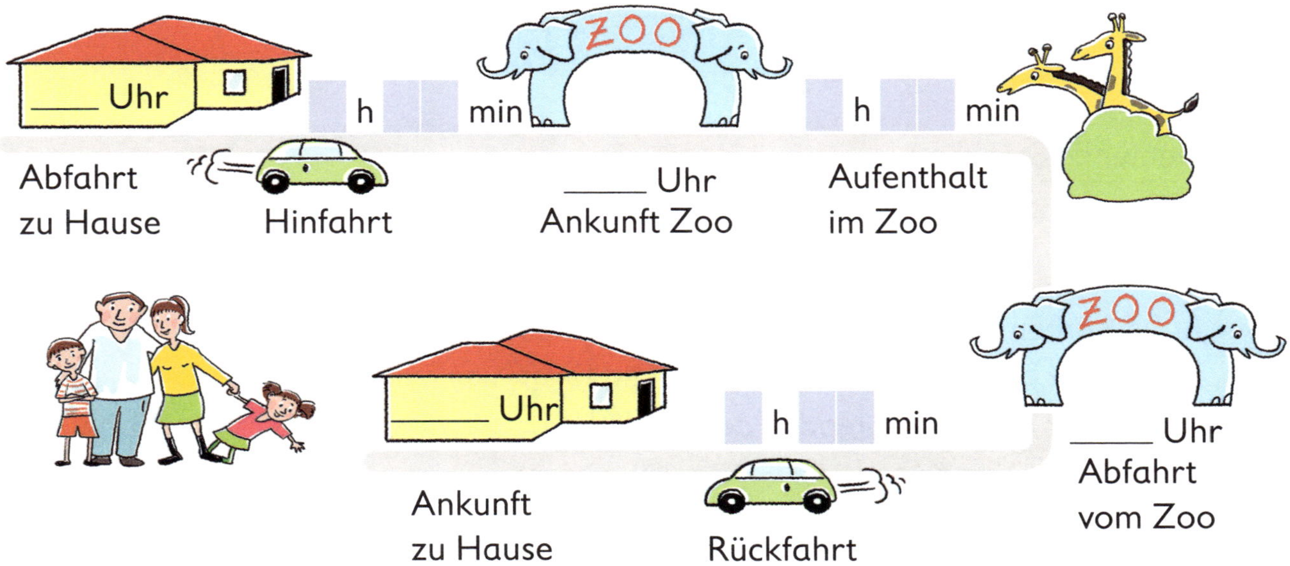

b) Beantworte mit Hilfe der Übersicht folgende Fragen.

Wann kam Tom mit seiner Familie im Zoo an? ______________________

Wie lange dauerte der Besuch im Zoo? ______________________

Wie lange dauerten die Hin- und Rückfahrt zusammen? ______________________

Wann waren Tom und seine Familie wieder zu Hause? ______________________

2 Trage die fehlenden Angaben in die Tabelle ein.

	Abfahrt	Fahrzeit	Ankunft
Maria	8:15 Uhr	50 min	Uhr
Lisa	5:40 Uhr		8:50 Uhr
Anna	Uhr	1 h 40 min	17:48 Uhr
Max	7:35 Uhr	6 h 23 min	Uhr
Ben	5:55 Uhr		14:02 Uhr
Tom	Uhr	4 h 20 min	11:17 Uhr

1: Zeitpunkt und Zeitdauer bestimmen; in eine Übersicht eintragen; Fragen dazu beantworten
2: Zeitpunkte berechnen

Würfel – Quader

1 Wie viele Stäbchen und Knetkügelchen fehlen an den Kantenmodellen?

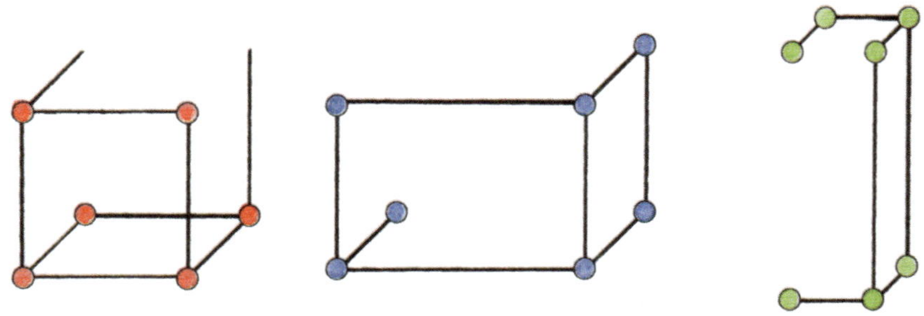

fehlende Stäbchen			
fehlende Kügelchen			

2 Baue Kantenmodelle eines Würfels und eines Quaders.
Wähle die passenden Stäbchen aus und färbe sie:

a) **rot** für das Kantenmodell des Würfels,

b) **blau** für das Kantenmodell des Quaders.

c) Gib an, wie viele Knetkügelchen du für die Ecken jedes Modells benötigst.

☐☐ Knetkügelchen Würfel ☐☐ Knetkügelchen Quader

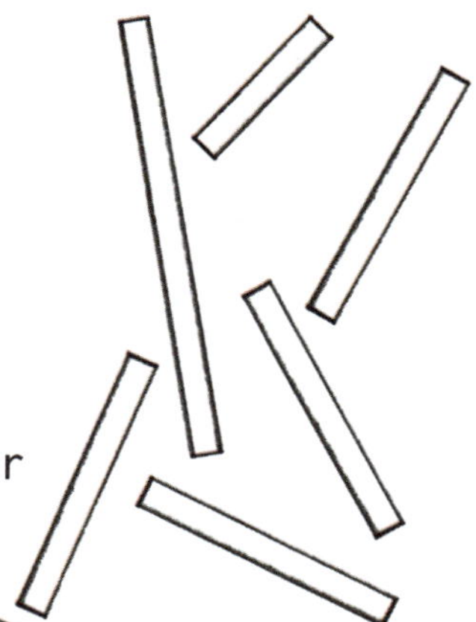

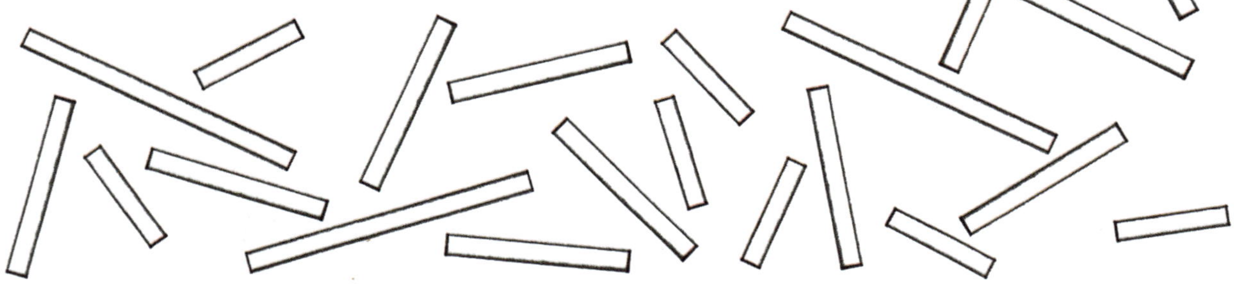

3 **a)** Durch die Paketschnur entstehen am Paket Rechtecke.
Wie viele sind es insgesamt? ☐☐ Rechtecke

b) Alle Seiten der Keksdose haben das gleiche Muster.
Wie viele Blumen sind insgesamt auf der Dose? ☐☐ Blumen

4 Kippe diesen Würfel erst nach hinten, dann nach rechts und dann noch einmal nach hinten.
Welche Augenzahlen siehst du nun?
Zeichne sie ein.

1: Anzahl der fehlenden Stäbchen und Kügelchen bestimmen 2: Stäbchen für den Würfel/Quader auswählen; Anzahl der Ecken angeben 3: Anzahlen bestimmen 4: Augenzahlen bestimmen und einzeichnen

SB 126–127 TÜ 59

Würfelnetze

1 Die gegenüberliegenden Flächen der Würfel sollen die gleiche Farbe bekommen.
Färbe die Flächen in den Würfelnetzen **rot**, **blau** und **gelb**.

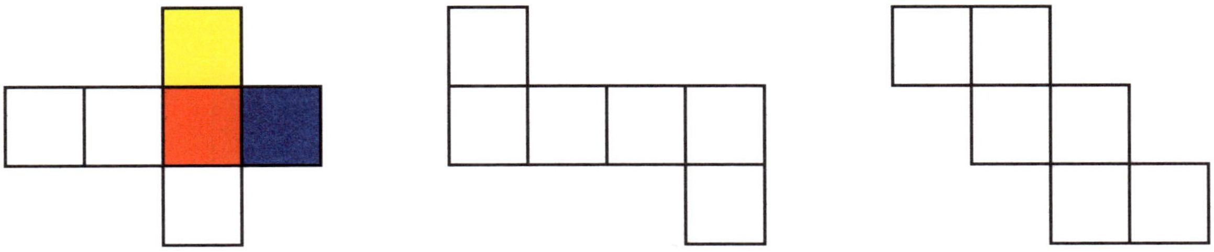

2 Vervollständige zu Würfelnetzen.

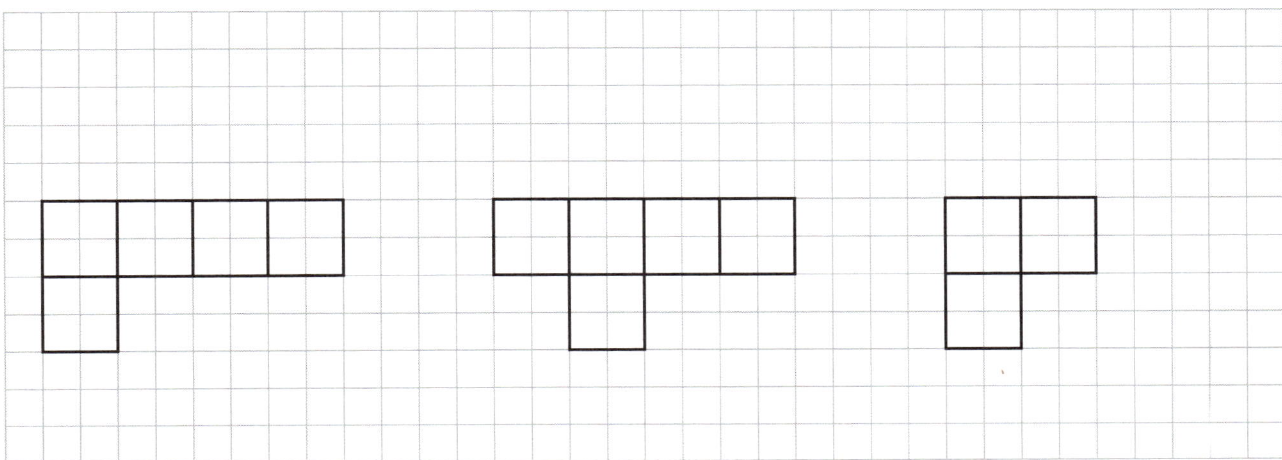

3 Ein Würfel hat die Kantenlänge von 25 mm.
Zeichne zu diesem Würfel ein Würfelnetz und zeichne die Augenzahlen ein.

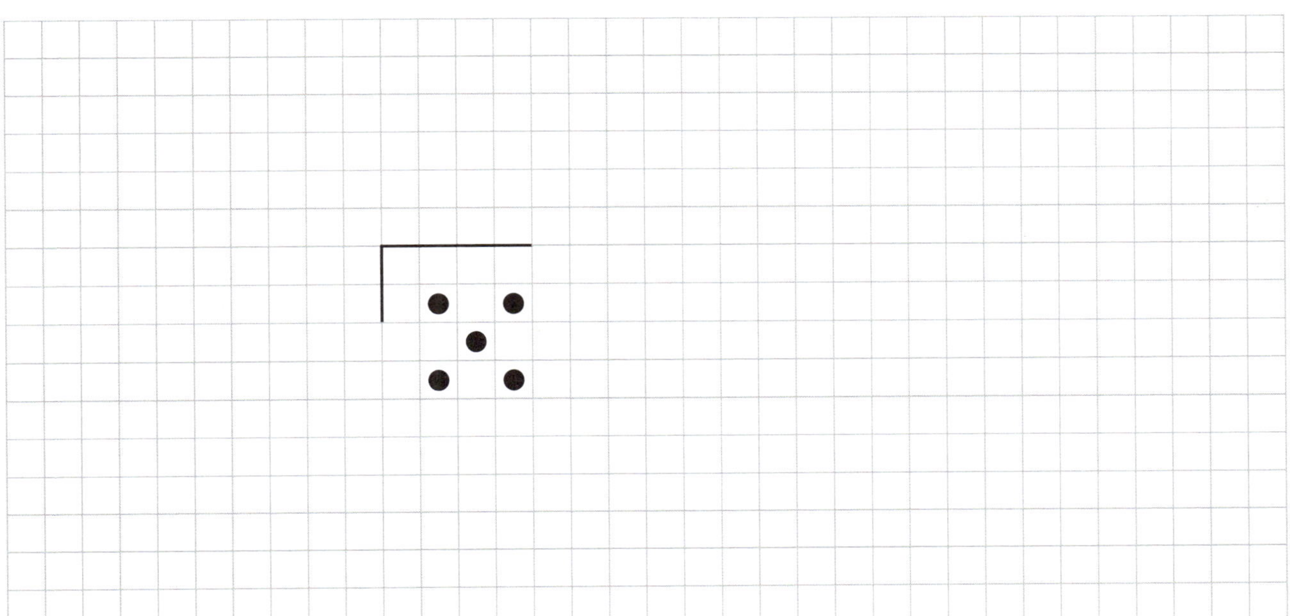

1: Gegenüberliegende Seiten erkennen und mit der gleichen Farbe ausmalen 2: Zu Würfelnetzen vervollständigen 3: Würfelnetz zeichnen und Augenzahlen eines Spielwürfels richtig anordnen

Quadernetze

1 Die gegenüberliegenden Flächen der Quader sollen die gleiche Farbe bekommen. Färbe die Flächen in den Quadernetzen **rot**, **blau** und **gelb**.

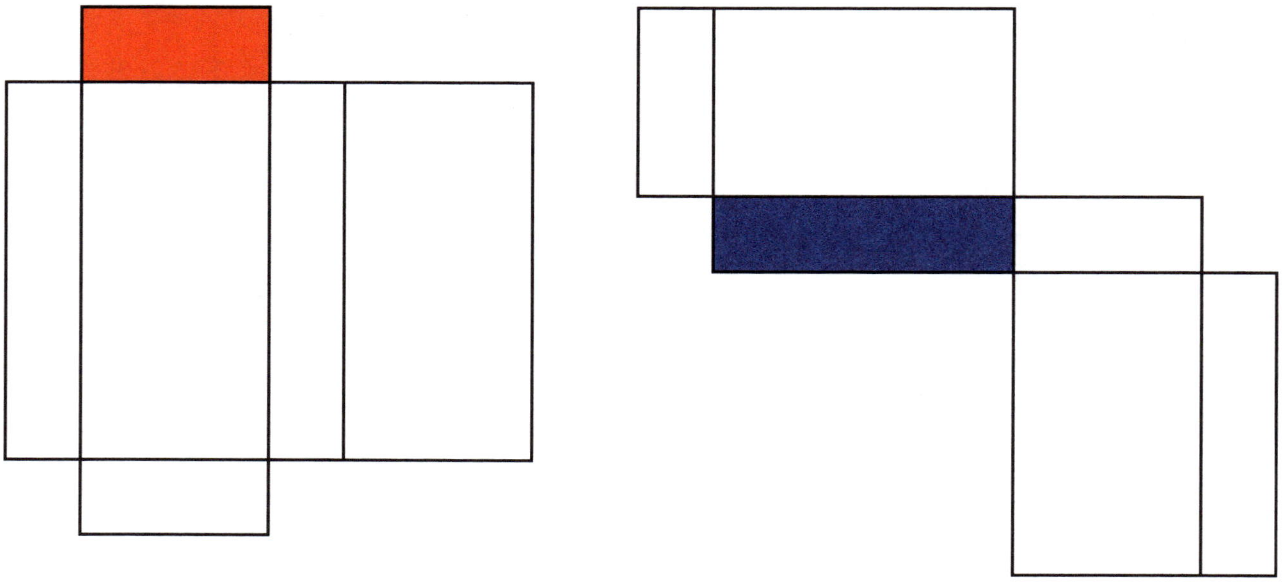

2 Ergänze zu Quadernetzen.

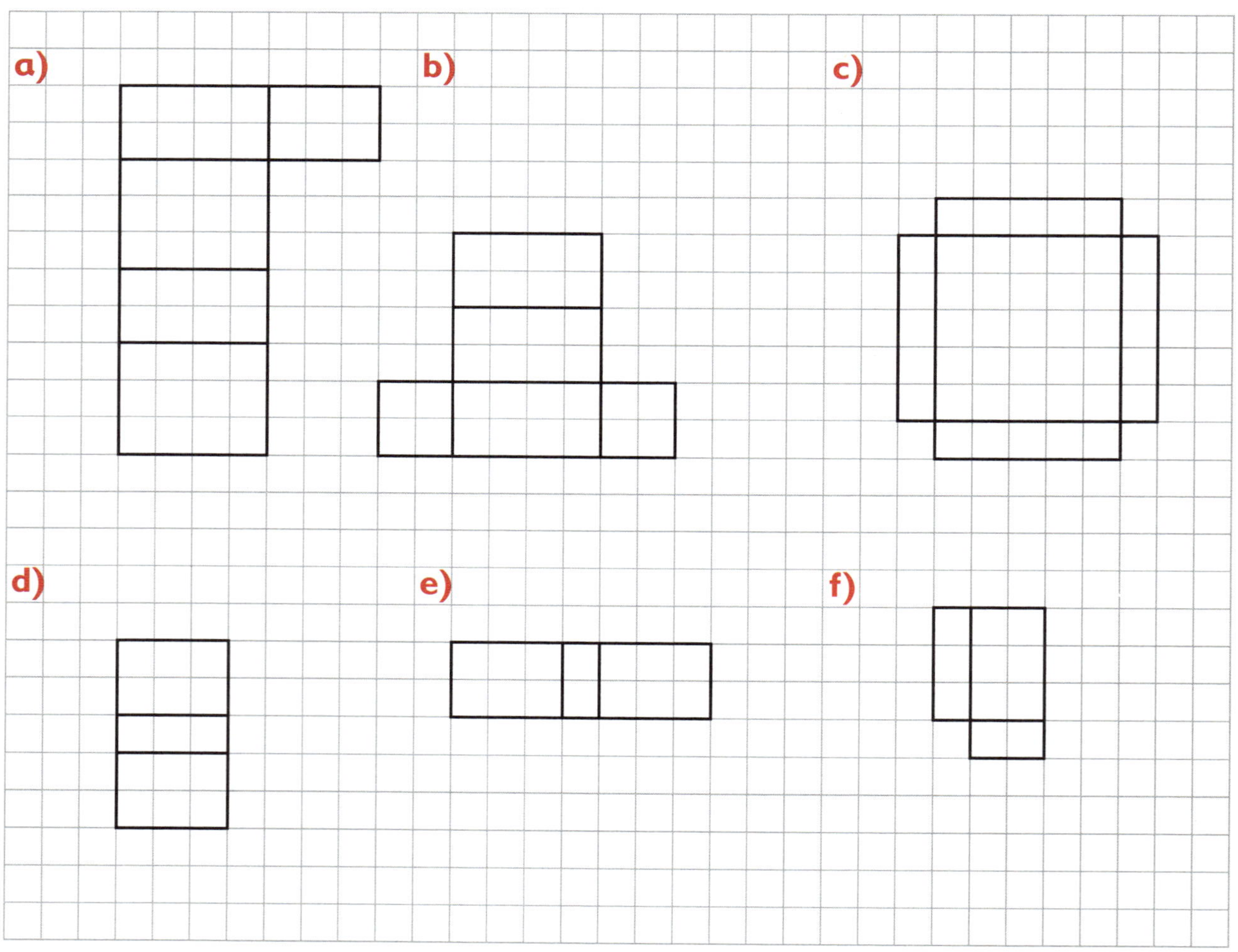

1: Gegenüberliegende Seiten erkennen und mit gleicher Farbe ausmalen
2: Quadernetze vervollständigen

Zeichnen und Bauen

1 Zeichne die Würfel fertig.

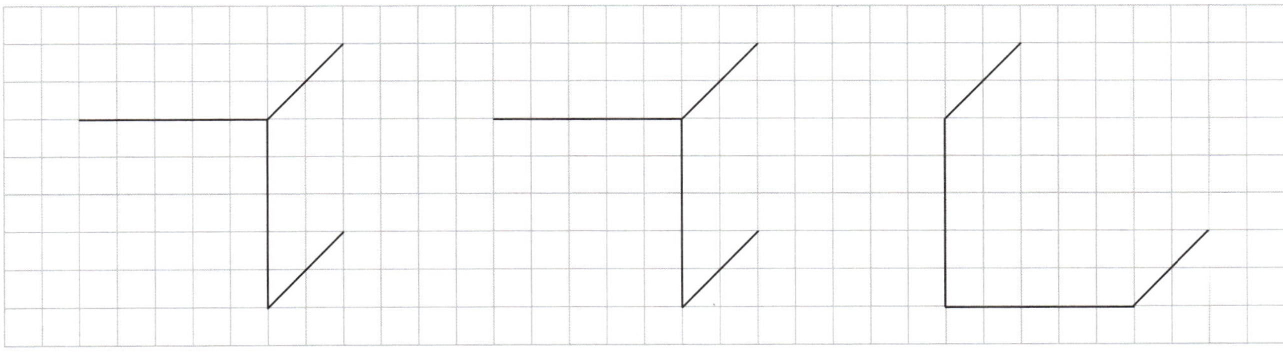

2 Zeichne die Quader fertig.

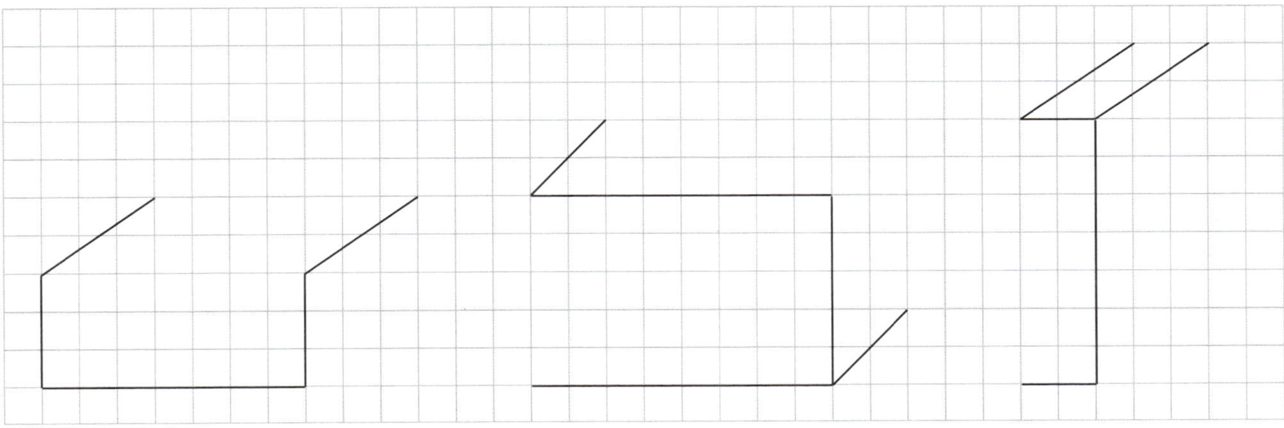

3 Baue mit Würfeln diesen Quader fertig.

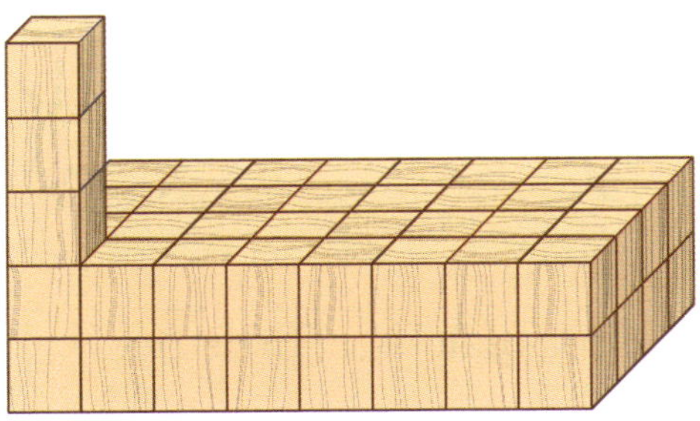

a) Wie viele Würfel benötigst du noch?

___ Würfel

b) Wie viele Würfel hast du insgesamt benötigt?

___ Würfel

4 Auf diese Grundplatte werden noch 5 gleiche Platten gelegt.

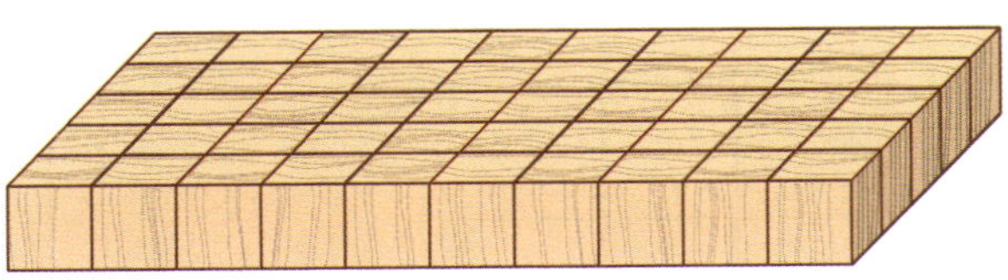

a) Was für ein Körper entsteht dann?

Antwort: ______________________

b) Aus wie vielen Würfeln besteht dieser Körper?

Er besteht aus ___ Würfeln.

Pyramide – Zylinder – Kegel

1 Trage die Namen der Körper sowie die Anzahl der Ecken und Kanten in die Tabelle ein.

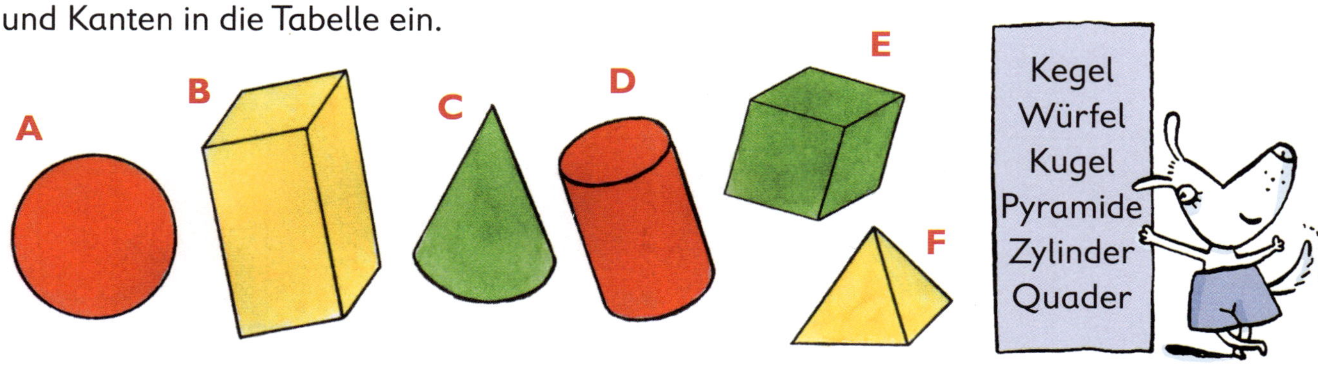

Körper	Name	Anzahl der Ecken	Anzahl der Kanten
A			
B			
C			
D			
E			
F			

2 Male aus.

Zylinder (rot)
Pyramide (grün)
Kegel (gelb)
Quader (blau)
Kugel (schwarz)

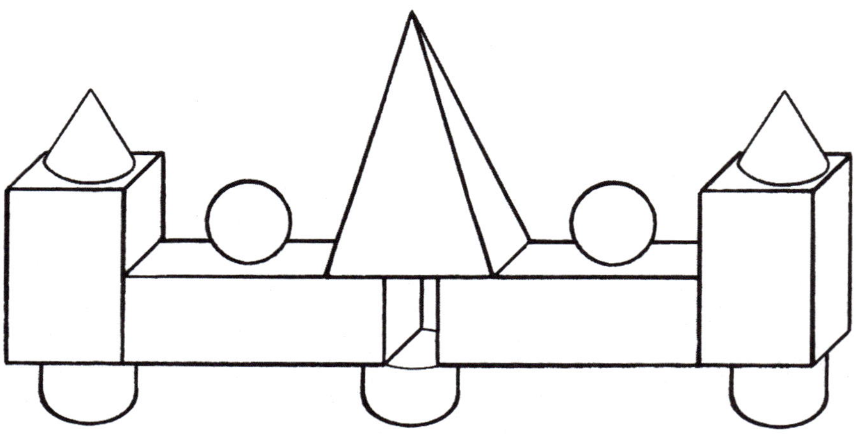

3 Male den Körper und das passende Körpernetz mit der gleichen Farbe aus.

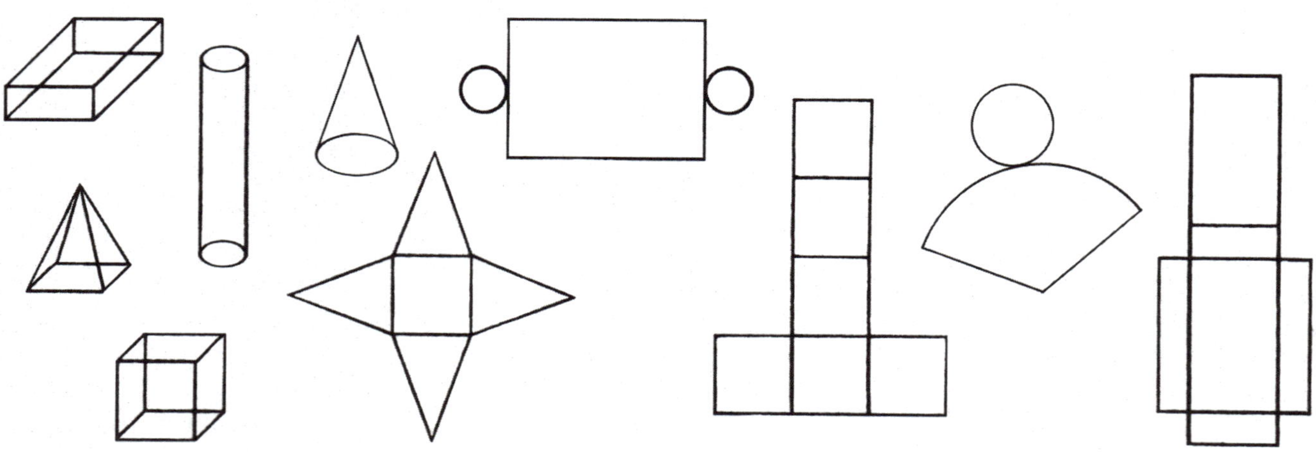

1: Namen den Körpern zuordnen; Anzahl der Ecken und Kanten bestimmen
2: Körper erkennen und in den angegebenen Farben färben 3: Körpernetze den Körpern zuordnen und färben

Addieren und Subtrahieren

1 **a)**

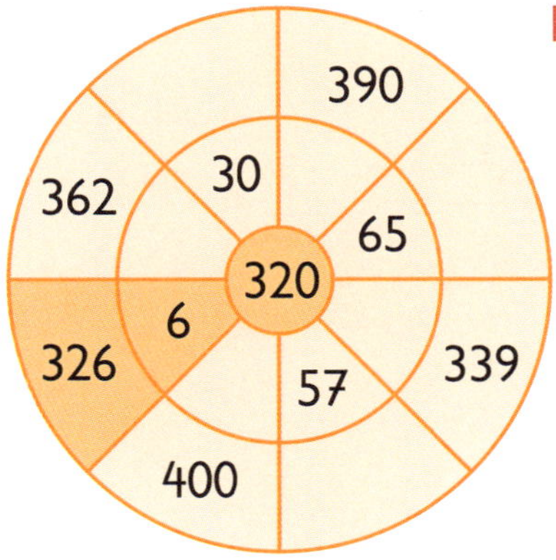

b)

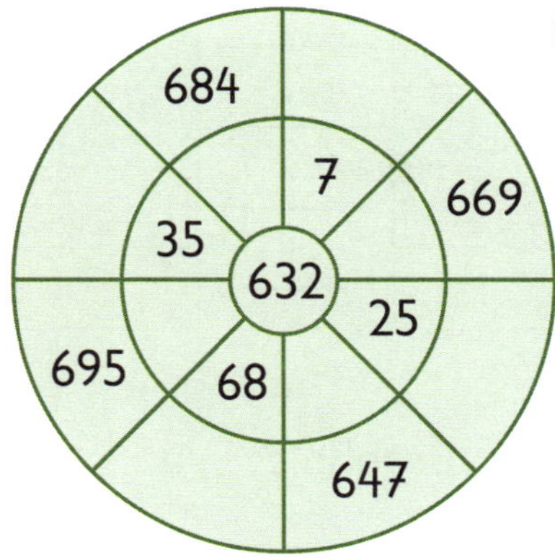

c)

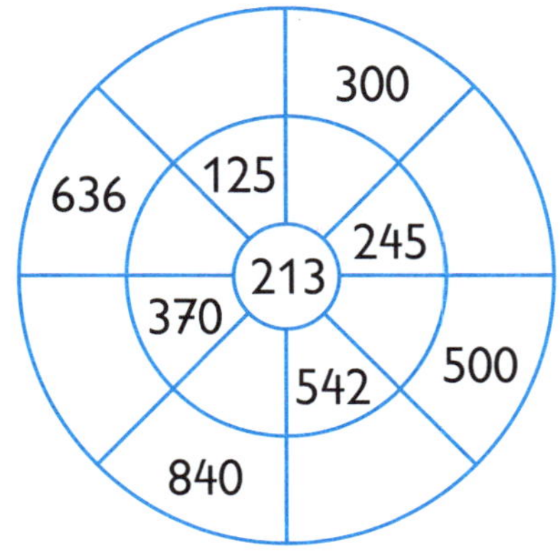

15 19 37 42 52 63 70 80 87 287 338 350 377
385 423 458 583 627 639 657 667 700 755

2 Immer zwei Aufgaben haben das gleiche Ergebnis.
Male mit der gleichen Farbe aus.

218 + 8   645 – 28   300 – 74   846 – 423

615 + 45   766 – 106   680 – 63   350 + 73

3 **a)** 329 + 287   **b)** 292 + 87 + 126   **c)** 603 – 87 – 213

303 505 616 638   Aufpassen! Ein Ergebnis ist falsch.

4 **a)** Würfle mit drei Würfeln.
Bilde aus den Augen die kleinste und die größte Zahl. ___ , ___

b) Addiere die beiden Zahlen. ___ + ___ = ___

c) Subtrahiere die beiden Zahlen voneinander. ___ – ___ = ___

d) Wiederhole **a)** bis **c)** drei Mal. Trage deine Ergebnisse unten ein.
Was stellst du fest?

1. Mal: **a)** **b)** **c)**

2. Mal: **a)** **b)** **c)**

3. Mal: **a)** **b)** **c)**

Bei den Ergebnissen zu **b)** fällt mir auf: ______________________

Bei den Ergebnissen zu **c)** fällt mir auf: ______________________

Multiplizieren und Dividieren

1

a)	3	· 5 →		· 2 →		· 7 →		· 4 →	840
b)	4	· 3 →		· 5 →		· 8 →		· 2 →	960
c)	1 000	: 2 →		: 5 →		: 4 →		: 5 →	5
d)	800	: 4 →		: 5 →		: 2 →		: 10 →	2

Verbinde mit dem richtigen Ergebnis.

2 **a)**

4 · 17	152
8 · 19	512
5 · 35	68
64 · 8	175
38 · 7	552
92 · 6	266

b)

96 : 8	13
120 : 5	150
78 : 6	12
287 : 7	24
600 : 4	41
45 : 3	15

3 **a)**
4 · 3 + 4 =
15 : 5 + 6 =
30 + 48 : 6 =
42 − 4 · 5 =
56 − 7 · 8 =

b)
5 · (2 + 6) =
7 · (8 − 4) =
(6 − 1) · 9 =
66 : (10 − 4) =
48 : (10 − 4) =

c)
6 · (54 − 4) =
2 · 32 − 4 =
8 · 40 + 9 =
(34 − 25) · 40 =
60 : 3 + 36 =

0, 8, 9, 11, 16, 22, 28, 38, 40, 45, 56, 60, 300, 329, 360

4 Setze die Rechenzeichen + − · : richtig ein.

a)
4 ◯ 5 ◯ 6 = 14
30 ◯ 6 ◯ 8 = 40
12 ◯ 3 ◯ 9 = 4
24 ◯ 4 ◯ 3 = 18
100 ◯ 5 ◯ 20 = 40

b)
30 ◯ 3 ◯ 25 = 65
180 ◯ 60 ◯ 6 = 18
70 ◯ 6 ◯ 210 = 210
18 ◯ 18 ◯ 36 = 0
60 ◯ 5 ◯ 100 = 3

1 bis 4: Kenntnisse über die Grundrechenarten und Rechenregeln flexibel anwenden

SB 140–141 **TÜ** 63–64

Addieren und Subtrahieren – Sachaufgaben

1 Familie Glaser kommt aus Stralsund.
Zuerst besuchen sie Freunde in Berlin.
Von dort fahren sie nach Hamburg.
Zuletzt besuchen sie die Oma
in Hannover.
Wie viele Kilometer sind sie
insgesamt gefahren?

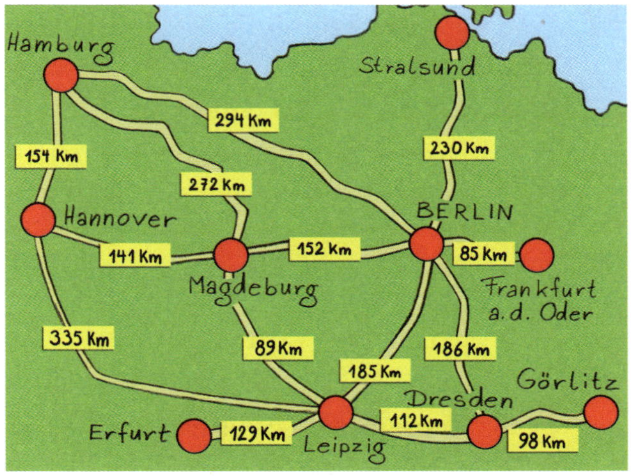

km + km + km

Stralsund — Berlin — Hamburg — Hannover

Aufgabe:

Antwort: ______________________

____

____

2 Frau Knut möchte von Hamburg nach Dresden fahren.
Probiere verschiedene Wege aus. Welcher Weg ist der kürzeste und wie lang ist er?

km + km + km

______ ______ ______ ______

km + km + km

______ ______ ______ ______

km + km + km

______ ______ ______ ______

Antwort: ______________________

____

____

____

1 Tom war mit seinen Eltern auf einer Städterundreise.

a) Nach der Reise will er sein Reisetagebuch vervollständigen. Schau auf der Reisekarte Seite 71 nach und trage ein.

b) Wie viele Kilometer ist die Familie in der ersten Wochenhälfte (Mo. – Mi.) gefahren?

c) Sind sie in der zweiten Wochenhälfte (Fr. – So.) mehr Kilometer gefahren?

Mein Reisetagebuch

Tag	Strecke	Entfernung
Mo.	Görlitz–Dresden–Leipzig	210 km
Di.	Leipzig–Erfurt–Leipzig	
Mi.	Leipzig–Magdeburg–Hannover	
Do.	Ruhetag	
Fr.	Hannover–Hamburg	
Sa.	Hamburg–Berlin	
So.	Berlin–Dresden–Görlitz	

Aufgaben **b)** und **c)**:

1. Wochenhälfte

☐☐☐ km
\+ ☐☐☐ km
\+ ☐☐☐ km
☐☐☐ km

Vergleiche: < oder > ?

2. Wochenhälfte

☐☐☐ km
\+ ☐☐☐ km
\+ ☐☐☐ km
☐☐☐ km

Antworten **b)** und **c)**: ____________________

____

2 Erzähle eine Rechengeschichte. Die Reise beginnt in einer Stadt, führt durch zwei weitere Städte und endet in einer dritten. Suche dir die Städte auf der Reisekarte Seite 71 aus.

Rechengeschichte: ____________________

____

Fertige eine Skizze an und berechne die Länge des Reiseweges:

☐☐☐ km + ☐☐☐ km + ☐☐☐ km

________ ________ ________ ________

Aufgabe:

Antwort: ____________________

____

____

1: Entfernungen finden, eintragen und addieren; vergleichen 2: Sich eine Geschichte ausdenken und dazu die Skizze vervollständigen; Entfernung berechnen und antworten

Multiplizieren und Dividieren – Sachaufgaben

1

Auf dem Parkplatz vor dem Zoo stehen 30 Reihen für je 25 PKW zur Verfügung.
Für Reisebusse gibt es nur 12 Reihen mit jeweils 20 Plätzen.
Wie viele Fahrzeuge passen insgesamt auf den Parkplatz?

Aufgabe:

Antwort: ______________________________

2 Der Kassierer am Parkplatz hat 169 Parkkarten für PKW und 96 für Busse verkauft. Wie viel Geld hat er eingenommen?

Aufgabe:

Antwort: ______________________________

3 In der Aquariumhalle des Zoos wird ein Aquarium gereinigt.
In dem Aquarium sind 940 l Wasser.
Der vierte Teil dieser Wassermenge ist bereits abgelassen.
Wie viele Liter Wasser sind noch im Aquarium?

Aufgabe:

Antwort: ______________________________

1 bis 3: Inhalt erfassen; Aufgabe finden, lösen und antworten

1 Für den Zoobesuch hat die Lehrerin von den 40 Kindern der 3. Klassen insgesamt 320 € eingesammelt. Wie viel Euro hat jedes Kind bezahlt?

Aufgabe:

Antwort:

2 Für die Fütterung der Tiere im Streichelzoo benötigt der Tierpfleger täglich 70 kg Gemüse. Im Lager sind davon noch 560 kg vorhanden. Reicht diese Menge für eine Woche?

Aufgabe:

Antwort:

3 Der Tierpfleger bringt mit dem LKW Löwen aus dem Leipziger Zoo in den Rostocker Zoo. Die Tankanzeige im Auto meldet, dass im Tank noch 160 l Diesel sind. Die Fahrstrecke von Leipzig bis Rostock beträgt 350 km. Reicht der Tankinhalt für die Hin- und Rückfahrt, wenn das Auto 20 l pro 100 km verbraucht?

Aufgaben:

Antwort:

4 Zwei Wände im Zookino werden mit Holzplatten neu verkleidet. Eine Wand ist 960 cm breit. Dafür will der Tischler Platten mit einer Breite von 60 cm verwenden. Die andere Wand ist nur 720 cm breit. Hier nimmt er Platten, die 40 cm breit sind. Wie viele Platten werden von jeder Sorte benötigt?

Aufgaben:

Antwort:

1 bis 4: Inhalt erfassen; Aufgabe finden, lösen und antworten

Aufgaben zum Knobeln

1 Leo, Clara, Tim und Ella stellen sich der Größe nach in einer Reihe auf. Das größte Kind steht am Anfang. Ella ist weder das größte noch das kleinste Kind. Leo und Clara stehen nebeneinander. Sie sind kleiner als Tim. Leo ist größer als Clara. In welcher Reihenfolge stehen die Kinder?

Name: ______________________

2 Max hat diese Dominosteine. Er legt sie so, dass die Summe der Augen der Dominosteine in jeder Zeile und in jeder Spalte 15 beträgt. Wie hat Max die Steine gelegt? Zeichne die Augen in die Steine ein.

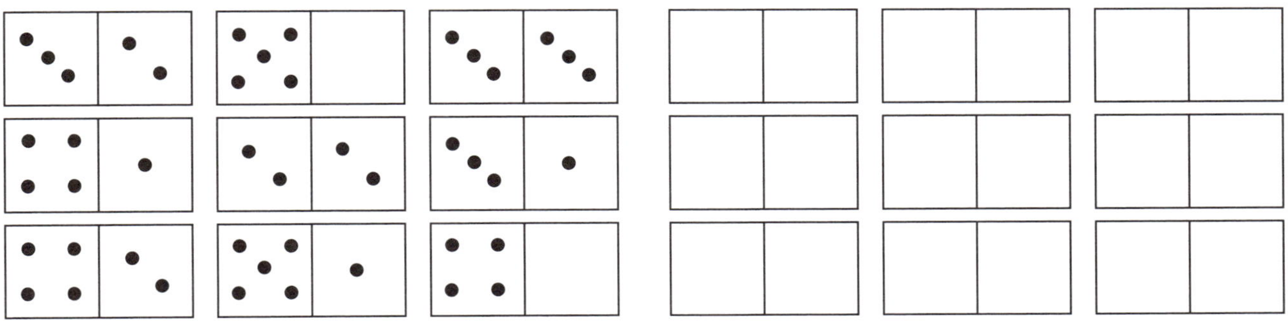

3 Die Summe aus drei Zahlen beträgt 666.
Die erste Zahl ist 210.
Die zweite Zahl ist um 60 kleiner als die dritte Zahl.
Berechne die zweite und die dritte Zahl.

4 Zeichne in die Netze eines Spielwürfels die fehlenden Augen ein.

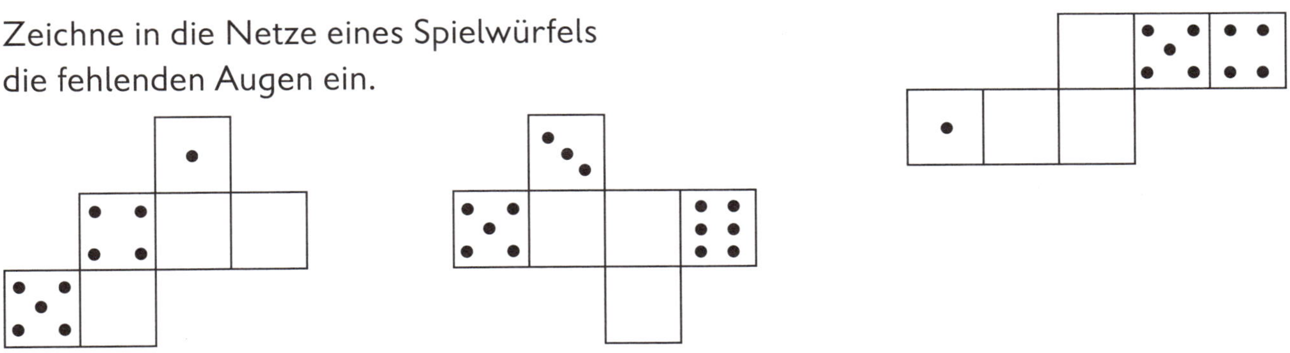

5 Anna lässt ihren Drachen steigen. Ben fragt sie nach der Länge ihrer Drachenschnur. Anna antwortet: „Wenn ich fünfmal so viel Schnur hätte und davon die Hälfte abschneiden würde, dann wäre die Schnur 100 m lang."
Wie lang ist Annas Drachenschnur?

Antwort: ______________________

1 bis 5: Knobelaufgaben durch Probieren und Überlegen lösen

Inhaltsverzeichnis

Die Aufgaben sind so nummeriert: 1

Hier ist es etwas schwieriger: 1

So erkennst du eine kniffelige Aufgabe: 1

Auf den blauen Zetteln findest du die Lösungen: